U0721329

殷健灵
YINJIANLING
WORKS 著

# 致 未 来 的 你

## TO YOU IN THE FUTURE

### 给女孩的十五封信

青岛出版集团 | 青岛出版社

When I was just a little girl,
I asked my mother,
What will I be?
Will I be pretty?
Will I be rich?

Here's what she said to me,
Que sera,sera,
Whatever will be,will be,
The future's not ours to see,
Whatever will be,will be.

伊莲是你，
独一无二的你

# 亲爱的你：

　　转眼间，《致未来的你——给女孩的十五封信》出版十一年了。十余年间，时常读到关于这本书的评论：

　　"为什么我在适时的年龄没有遇到这么好的读物呢？在这本写给十几岁孩子看的书里，我找到了好多自己青春期时感到疑惑的答案，好多问题现在都已淡忘，但那阴影还深深地刻在心里。"

　　"这本书让我感受到，原来作者也是曾经度过这种时光的人啊，仿佛很有共鸣，没有年龄的代沟。这是一本文字十分浅淡的书，却字字戳向人的心底，华丽的文字无法将这本令我心动无比的书描绘出来，我只知道，我喜欢这本书，也想让更多人知道这本书。"

　　"自己先看完了，然后给女儿看的。对于家有女儿的爸妈们，当孩子处于青春期了，如果有不方便说出口的话题，那么这本书就可以帮到你了！"

　　…………

　　读到类似这样的文字，在欣慰暖心的同时，也有一丝微妙的情绪滑过心头：其实，我也是千千万万个你啊，也正因我年少时候没有这样的

文字陪伴，很多年后的自己才会希冀着写这样一本书，去填补小时候的空白。

然而，所有人的成长都必须由自己独个承担，没有人能代替你走脚下的路，即便或许有这样一本小书温暖过你、点醒过你、激励过你，但它的力量仍旧微不足道、杯水车薪，只有当自己真正经历过、刻骨铭心地感受过，哭过、痛过、大笑过，才算是真正地"活"过，才能获得醍醐灌顶的成长。

这十余年间，关于这本书，我最常被问一个问题："伊莲是谁？"

伊莲，是每一个正在读这本书的你，当然也是曾经的我，以及无数个"曾经的女孩"。十一年过去了，当我回头再看过去的文字，在感叹它们尚未"过时"时，还是生发出一些反思和新的想法。

每个人都是有局限的，当然包括我。我们的局限在于，所有的想法、观念、思维方式都受到各自阅历、所处环境和时代的拘囿。人之所以有偏见，往往是因为知道得不够多，因此，这本书里的文字也受到了我个人识见和经历的局限。比如在我成长的年代，乖巧、懂事、克己、文静，是女孩的美德，但是，时过境迁，有些美德反而会显出它的弊端，乖巧易流于世故，懂事的反面有可能是丧失自我，克己则往往意味着心理扭曲，至于文静，只能算是性格之一种，奔放和开朗难道不比文静更具有人格魅力吗？何况，在我年少时，也曾经那样渴望着绽放自己，放飞天性！

这是一个多元化的时代，社会越进步，观念也会越宽容，没有模式，没有定规，每个人都可以活出一个独特的自我。正如我在书中谈到的"美"，随着时代变化，"美"就好像摇来摇去的藤架，审美的标准总是在变。当我们活得更加身心自由的同时，多元化、资讯泛滥的时代也更容易让人迷失自我。如果说，曾经的我们被很多无形的条条框框圈圈圈过，今天的孩子却可能在一万种声音里不知何去何从——因为，如今的我们知道得太多了，甚至，孩子比成人知道得更多。

　　早在很多年前，朋友上一年级的女儿在作文里这样描述她的妈妈："我的妈妈是个三十岁出头的老女人……"朋友觉得很有趣，与我分享："这么小的人说起了大人腔。"女孩还教妈妈要精于算计，要"管好你的财务以约束自己的男人（她的爸爸）"，将来她要"住高档房子、开豪车"。电视屏幕上出现让人尴尬的男女亲热镜头，父母如坐针毡，想把画面遮挡起来，没想到女孩却落落大方，说："这有什么！我还不想看呢！"

　　现今自媒体发达，我们更是在各种视频里耳闻目睹小大人们的段子警句，或博一笑，或作饭后谈资，乐此不疲。小孩子说大人话，好像特别能愉悦大人，并为大人带来莫名的成就感——看，孩子被自己调教得多么"出挑"和"早慧"。

　　我们看到，随着现代媒介越来越多地影响着日常生活，儿童世界里的秘密也越来越少，孩子们几乎知道成人所知道的一切，换句话说，成人和儿童之间最根本的一个不同被逐渐淡化了——小孩子不单知道大人知道的信息，而且可能知道得更多。他们早早地接触到暴力和犯罪，体察到外面社会的凶险，对爱情、婚姻和未来便可能不再抱有玫瑰色的遐想，心中不再充满神秘与敬畏的感情。可是，生活里倘若没有了"童话"，倘若对未来失去了美好的憧憬，成长之路的风景便会乏善可陈。这又是多么让人悲哀！

日新月异的科技同样挑战着我们的世界，人工智能一再更新迭代，近来风靡的ChatGPT一直刷新着我们对教育、文化和知识领域的认知，迫使我们思考。不久的将来，一定还会有令人匪夷所思的技术被发明，人类进入了物质世界、精神世界和数字世界协同进化的新时代。对于成长中的孩子，以知识传递为核心的教育模式被逼入死角，未来的孩子通过新技术所知道的完全可能比成年人多得多。那么，所谓的成长和学习难道毫无意义了吗？

我在想，即便知识获得可以通过新技术轻而易举地完成，但是，一个人的心灵成长和人生体验却无法通过新技术达成，他必得亲身经历过了，才可能化为实实在在的人生财富。

我想到一个老生常谈的词：理想。和这个词联系在一起的，是一个令我久久难忘的大男孩，我叫他"展鹏"。我认识他的时候，他刚上高三。这个表情略带腼腆的青涩男孩，说话的时候喜欢微笑，露出一圈亮光闪闪的牙箍，显露自然可爱的男孩本色。可是，这个貌似与同龄都市男孩无异的人，却刷新着我对这一代孩子的认知。

他告诉我，他最大的理想，是尽力摆脱物化的世界，不管未来怎样，追随自己内心的想法是最重要的。"如果能追随自己的兴趣，就是最好的人生。"那么，他的兴趣是什么呢？

他从高二开始读《共产党宣言》和《资本论》，还参加了一个读书小组，他们在一起读的是马克思和恩格斯的原著，还有列宁、卢卡奇和科尔什的著作。他接近的老师们学习西方马克思主义，也研究政治学、社会学、哲学、法学，钻研传媒或是历史。他喜欢和这些老师们在一起，因为"可以从他们身上感受到人文主义气息的光环"。假期里，他和老师同学结伴，去河南信阳考察20世纪50年代末的大饥荒，他还去过安徽、江西、广东、吉林、新疆、内蒙古等地，看到了最普通的农村景象。在通向远方的火车上，他看到了中国社会众生相：有贫苦的农民和工人；有苦读法律和哲学的知识分子；有返乡的打工者；有扛着相机寻路中国的洋人；有口若悬河的推销员；有严肃而一丝不苟的乘警。他对我说，"这里，是大社会、大历史的缩影，是人生百态不经修饰的呈现；这里，是最真实、最多元的中国。"他还意识到，当一些人坐在高铁一等座的软椅上时，还有无数农民工们在冰冷的车厢里瑟瑟发抖，这些农民工牺牲了家庭、挥洒着汗水，是为了改变自身的生活，同时也在为城镇面貌的革新作出不懈的努力……

　　这个家境优渥的男孩，通过旅游、考察，走向了远方，也通过文学作品和其他各类书籍，了解到了所处的时代和历史，这些都是跳脱出他生活环境，观察真实社会

的方式。之后的日子里，展鹏去了更远的地方，他前往美国求学，学习社会学，读硕士和博士，他投入了真正的"实践"，把脚步丈量到了世界各地，为了他少年时代的理想：不仅仅是了解社会，更重要的是去批判它，让它变得更好。

我曾接触无数男孩女孩，展鹏给予我不同的体验。倾听他时，我感叹和欣慰；关注着他的足迹，我更欣喜。这个与众不同的男孩，他的见识和志向得益于全新的时代，他的难得在于，早早地在进入社会之前，便能逆潮流而上，唯我独醒，去追求真理和理想的生活——那样的生活，不仅仅属于他自己。他在努力地贴地而行，每一个坚实的脚印都会成为他在不久的将来起飞的基石。这个男孩的精神世界或许会令很多在俗世中迷失的成年人自惭形秽。

亲爱的你，展鹏的理想可谓宏大，但理想并没有高尚与低贱之分。理想，只要符合你的心意，它便是珍宝。理想，永远不会是一个过时的词儿，它值得我们不惜一切，付出青春甚至生命的代价去追寻。

亲爱的你，你们当下所面临的成长也许要比父母一辈艰难复杂得多，你们在获得大量新鲜资讯和知识的同时，还不得不面临新的人生考验——毕竟，你是有血肉、有情感的人，在纷乱的、横扫一切的"信息暴风雨"中，还能否拥有与众不同的定力掌握自己的航向，而不是如同一片河面上无力的枯叶随波逐流？在你慢慢长大的过程中，是否清晰地知道自己希望成为怎样的人，而不是人云亦云，做他人的传声筒和跟随者？你是否清晰地明了生而为人最大的意义是什么？

在我的儿童文学作品中，时常会有一个"引渡者"，或者说"精神偶像"存在，因为我始终觉得在孤单寂寞无助的成长旅程中，是需要心灵拐杖存在的，它或许是一个懂你的长辈，是一个知识深厚且见解独到的学者，是一个与你同悲同喜携手走出沼泽的同龄人——他们有一个共同点：是人，活生生的有情感的人。我关注了很多ChatGPT的相关问答，确实，它会写论文、写新闻，会回答各学科的问题，甚至它还能写出像样的诗，但不知为什么，我总觉得那些机器生成的答案冰冷呆板，缺少温度，它们只是信息汇总和转换，和情感无关，和温润的心灵无关。

亲爱的孩子，生而为人，是一件多么幸福的事，哪怕在成人的过程里必须历经风雨，必须体验人间悲欢，必须经受病痛考验，而最终，每个人都将归于生命的起点，这一切的存在都湮灭不了做一个人的意义。而你，作为独一个的、最特别的你，来到世界上便是自由的，但随着与社会联系的增强，每个人都会觉得自己时刻处于无形的枷锁之中，会认为是遗传决定了自己的相貌，家庭环境塑造了自己的性格，周遭的环境促使自己成为这样一个人……外部因素确实会在一定程度上影响我们，但是，既然生而为人，生命就永远不会只有一种面貌和姿态，我们不是流水线上的产品，每个人都有属于自己的生存方式，更不必刻意追求一种特定模式里的意义。

成为什么样的人，最终的决定因素是你自己。拥有独立思想的你，不受任何人强迫，依你自己的意思做出决定：为自己做决定，做有独立人格的你，过你想要的生活——这，便是我对你，最美好的期许。

这世界上只有一个你，你，独一无二。

你的大朋友：殷健灵

2024 年 4 月 28 日于上海

# 亲爱的你：

当我是个小女孩的时候，唱过一首歌——《whatever will be, will be》。

When I was just a little girl（当我还是个小女孩），
I asked my mother（我问妈妈），
What will I be（将来我会变成什么样子呢）？
Will I be pretty（会漂亮吗）？
Will I be rich（会富有吗）？
Here's what she said to me（她对我说），
Que sera, sera（长大就好），
Whatever will be, will be（顺其自然吧），
The future's not ours to see（我们不能预见未来），
Whatever will be, will be（长大就好）.

就像唱歌的那个女孩，那时我的字典里，"未来"是最神秘最具诱惑力的字眼。我想看到未来的自己，但未来总是撩动似梦似幻的面纱，让我无法近前，更不知道该向谁去询问未来，那时的我已然明了——未来是无处找寻的，唯有等待，花上十二万分的耐心，才可以慢慢等到静候在岁月那一头的长大的自己。

正因无法看真切，更无法掌握，等待与接近的路途变得无限漫长与枯燥，也变得无限丰饶与美好。曾经在万籁俱寂的夜晚，当梦来临前，与黑暗对话。我听见内心的声音，它是那样孤单、迟疑与羞怯——长大以后，尤其是专注地为孩子写作之后，我才明了：其实每个少年长大的过程都是如此，哪怕有欢笑作点缀，内心的深处、最深处，却总是重复着孤独的旋

8

律。因为懵懂，因为怯惧，甚至在沉默中忘记了和周围的人对话。而女孩时的我，曾经多么渴望一个能读懂我内心的灵魂的伙伴。但对一个涉世未深的孩子来说，这一定是奢望！

算起来，我为孩子写作已二十余载。最初的写作，不仅源自表达的冲动，或许还是另一种形式的自我抚慰，是为自己年少时未曾看透的问题找寻答案；如今的写作，渐渐让我看到它独特的存在的价值：我用笔下的文字提供一种声音，一种陪伴，让正在长大的孩子不再孤单与彷徨。我用故事告诉他们：人生路上理所当然布满"问题的丛林"，而所有的少年都曾经"披荆斩棘"一路走来，并且，他们现在活得好好的。因此，你也一定能！

这是一本专为女孩写作的书。十五封信，写给那个名字叫作"伊莲"的我疼爱的女孩，而事实上，每一个女孩都是我疼爱的"伊莲"。这个世界，因了女孩的存在，才能荡涤污浊，人性才可能更加良善、柔美与温润。莲花，是我最喜爱的花。莲花一样的女孩，是纷扰污糟的尘世里引渡我们的奇迹。我从你们身上找见当年的我——渴慕着无法想象的未来，不知道未来的我，是否能成为自己期望的模样？

这十五封信，写给现在的你，也写给未来的你。谢谢你能阅读它们。但愿，在你阅读的过程中，能渐渐看清"未来"的模样。要相信：无论接近"未来"的路有多漫长曲折，它永远都不会背叛你，它会忠诚地在遥远的岁月那头为你静静守候。

你的大朋友：殷健灵

2013 年 5 月 30 日于上海

# CONTENTS 目录

No.01

你的
身体

*伊莲*：

　　你正在经历着长大。

　　你可知道，长大最明显的标志是什么？长大的标志，一定首先是来自身体的。

　　很小的时候，我便知道当我长大时，我的身体将会发生一些变化。我以平时的所思所感想象这些变化，在淡淡的憧憬里怀着隐约的忐忑和羞涩的喜悦，就好像欣赏一朵即将绽开的蓓蕾，心情迫切又满怀欣喜。

　　那时，房间里没有暖气没有热水器，一到冷天，我们就没法在家里洗澡了，只能到外面的浴室去洗澡。

　　我把每星期一次的洗澡当作了一项重要的活动，就像一次远足那样重要。我和豆子是最好的朋友，自然也是洗澡的伙伴。在去洗澡之前，我们要做一些准备，收拾好毛巾和浴巾。浴巾一星期才用一次，总是蓬松松的，有一股淡淡的香皂的气味。

还要带拖鞋、木梳、蜂花牌洗发精、换洗的衣服。它们统统被装在一个大马甲袋里，一样也不能落下。

这件事情一定要自己做，它能让你感觉自己正在长大，有一种成就感。

常常是在一个星期的最后一天，太阳还没有落下的时候，我们出发了。两个人提着大马甲袋，走起路来发出"沙沙"的响声。许多骑自行车的大人按着车铃从我们身边经过，有时，还会遇

见贪玩的晚归的同学。如果是女生，我们就会对她晃晃手里的袋子，大声说："我们去洗澡！"如果是男生，我们就低下头，不声不响地绕道走。

豆子妈妈工作的医院里有一个很干净的浴室，是专门给医生护士用的。在现在的你看来，那一定是太简陋了，可是我却喜欢。浴室的门口挂着洗刷得发白的棉帘，浴室里浅褐色长条木椅已经被暖气片烤得热乎乎的，隔着裤子都能感受到它的温暖。从莲蓬头跑出来的热水淋在头上、身上，麻酥酥、暖烘烘的。

我们看着自己裸露的皮肤慢慢泛红，脸蛋也红扑扑的了，然后就开始说话。水声把我们的声音盖住了，只能提高嗓门大声说。说着说着，就疯笑起来，把水泼到对方脸上。

你知道，我们这个年龄的小姑娘是很疯的，芝麻大的事情

YOUR BODY

都会乐上半天。如果有大人过来了，我们就会收敛一些。其实洗澡的时候，每个人都是最真实的，我和豆子能清楚地看见对方的身体，没有一点害羞。那时，我们是那样的细长，手臂和腿都像麻秆一样，肋骨像搓衣板。我帮豆子擦背的时候，手指碰到她薄薄的背胛，好像一不小心用力，那里就会碎掉。

我们会在里面整整待上一个半小时。出来的时候，脸是赤红的，湿湿的头发很快就会冻住。

那天，豆子还在里头磨蹭着穿衣服，我先跑了出来。在门外，遇上了来洗澡的同班同学陈庆红。陈庆红比我们都要矮一些，但她已经开始发育了。她一个人，也提了个马甲袋，袋子里装了一瓶我叫不出名的包装很奇怪的洗发水。她像是要对我说什么，又不好意思说，脸莫名其妙地涨得通红。她拽住我的胳膊，把嘴凑到我的耳边问："豆子这儿有没有……"说着，在自己的胸口含含糊糊地比画了一下。

我不懂她的意思，让她再说一遍。她重复了一遍，声音却低下去了，也只说了半句。这时候，豆子跳着跑了出来。陈庆红就不问了，说要进去了。我对豆子说，陈庆红刚才问她这儿有没有……我指了指自己的胸口。豆子摇摇头说，什么呀，不懂不懂。一路上我们都在研究，始终没搞清陈庆红的意思。

这件事就算过去了，我们几乎把它忘了，可那句话又似乎隐隐约约留在心里，它好像代表了一种意思，我们虽然不太清楚详细内涵，但在心灵深处却能触到它的轮廓，那便是与长大、发育，或者说成熟有关。

有些事有些话就是这样，怪怪的，似懂非懂。

大约过了一年吧，上四年级了，我们又都突然蹿了个子。再次来洗澡时，我发现，在浴室里，挂衣服的时候，不用跳，只要踮一下脚就能够到钩子了。我比豆子还要高一些。我们有整整一个夏天没在一块洗澡了，所以两个人都很兴奋。

我们迅速脱了衣服，又快速打开热水，周围便弥漫起白蒙蒙的水蒸气。我能模模糊糊地看见边上豆子雪白的身体，她和以前好像有一点不一样，又好像没什么不一样。

水从豆子的头顶流下来，流过脖颈，流过肩膀，流过胸口，在那儿形成了一个小小的好看的弧度，再顺着肋骨淌下去。

我忽然知道那一点点的不一样在哪里了。豆子的胸口盛开了两朵小小的花苞，真的很小很小，可这标志着豆子要慢慢长成一个大女孩了。

我低头看看自己，悄悄地吃了一惊，这样的变化在我身上也发生了。我知道豆子一定也发现了我的那一点点变化，她的目光在我的胸口停了一会。可她没有说，我也没有说。我们还是大声聊着班上的趣事，把水泼来泼去，还咧开嘴笑，笑声在白瓷砖上撞来撞去，好像有好几个小姑娘在笑。

那天回去的路上，走到一半，我突然对豆子说："我明白陈庆红说的是什么意思了。"豆子愣了一秒钟，说："我也明白了。"然后，我俩一起笑起来——我们都没忘了她提出的问题。

是啊，我们总是好奇，想知道关于自己的，也想知道关于别人的。因为，长大实在是一件有趣的事儿。

伊莲，你有过这样的关于长大的有趣经历吗？

那些变化，我将它们称为"生命潮"，是生命的潮汐。它们几乎没有预兆，像海潮那样扑面而来，仿佛一百把小提琴在天空下齐奏。我们必须迎接它们，满怀着欣喜、欣赏和欢悦。

不记得从什么时候开始，我便喜欢注视比我年长的少女。

常常地，在落日的黄昏，我趴在窗口，好奇地打量路上来来往往背着书包穿着各色裙衫的女学生。她们有着乌黑柔软的发辫和明亮的眼睛，她们在树影中或行或停，或优雅地交谈。金黄色的夕阳衬出她们健美挺拔的身材和线条柔和的侧影，青春的气息便在沉静的暮霭中流动了。

我多么渴望像她们一样啊。当我从心底发出这一呼唤，我惊诧于自己迫切的愿望，因为我隐隐预感到自己将为成长付出代价。

读小学时，妈妈常让我替她叠那种雪白的卫生纸，把长方形的绉纸折成长长窄窄的一条条，然后将它们装进干净的塑料袋里。我乐此不疲地替妈妈干着这些，把它视作与扫地、倒垃圾一样平常的活儿。我很清楚那些卫生纸条的作用。每个月，妈妈的身体都会流血，血很浓很红。当我第一次惊恐地望着血迹的时候，妈妈微笑着抚了抚我的头发，平静地告诉我："你长大了也会这样，只有长大了的女孩才会这样。"

妈妈的身体流血的时候没有痛苦，我明白这正是男孩和女孩的不同。在一个个静谧的晚上，我躺在床上想象着有一天我的身体也会流血，流很多很多的血，那种既惧怕又渴求的感觉至今想来还是那么清晰。

我想，每个幼小的女孩都会经历这样的过程，只是和别的女孩相比，我似乎更幸运些，因为妈妈及时给了我启蒙教育。当红色的潮水涌来时，我能够镇定自若地迎接它，而不致惊慌失措。

这一天不久便来了，是十三岁那年的冬天。外面下着雪，飞飞扬扬的鹅毛大雪像千万个精灵安静地落在窗台上，窗玻璃上结了一层冰花，那种有着六角形花瓣的晶莹的冰花。我搓着手，跺着脚，对着窗玻璃呵热气。我看见空中有一片褐色的树叶在飘，孤零零的，在白色的世界中显得空灵而神秘。这时，一股潮湿的暖流从我的身体里缓缓地涌出，成为我生命中永恒的红色的记忆。我想我是作好了迎接它到来的准备的。当我怀着神圣的心情告诉妈妈这个消息时，妈妈的眼里闪动着异样的光泽。

这一天正好是我最好的朋友豆子的生日，我向她祝贺生日的时候，没有忘记把这件事当作喜讯告诉她。

在幽暗的楼道里，我把嘴凑到豆子的耳边，兴奋地诉说我成长中的新鲜与欢喜。而豆子似乎并不觉得突然，因为过去我们曾经不无向往地议论过这个话题，也曾经在早熟的女孩身上见到同样的情形。

对未成年的孩子来说，我们的身体本身就是个谜，是一种让自己害羞又捉摸不透的东西。我们并不能清晰地听见生命的潮汐，但能在不知不觉中感觉到它的来临。

初一时上生理卫生课，不可避免地会讲到"生殖"一章。那时候，男女生是要分开上这节课的，老师带着暧昧的表情将我班女生引到别班的教室，和其他女生坐在一起。

上课时，许多女生低眉俯首，不敢正眼看黑板，不敢仔细地听讲课的内容。其实，每个女孩子的心里都长着一对耳朵呢，然而它们只能悄悄地躲在暗处，生怕别人窥见了自己的秘密。我没有认为这是件羞于见人的事情，豆子也是。那时候，还曾经有别班的女孩背地里议论我们听得过于仔细。我笑笑，就像一阵微风轻轻地掠过耳旁。

身体的变化就是这样悄悄地发生着。

我的皮肤慢慢地变得更加细腻润滑，我的头发更加乌黑亮泽，我的胳膊和腿不再是细细长长的，而是有了一种好看的流畅曲线，我的声音也变得圆润动听了。

像从小向往的那样，我穿着蓝色的背带裙夹着书本文文静静地和别人交谈，这种状态曾长时间地占据我的头脑，成为我的一种理想。我终于长成了一个文雅懂事的大女孩了。

伊莲，也许你会问我，为什么写这些呢？因为在很长一段时间里，我羞于谈它，更羞于将它写到纸上来。尽管有时候人的成长是一种烦恼，你必须面对一些意想不到的变化，必须克服一些明明暗暗的情绪，包括变声期嘶哑的嗓音和此起彼伏的青春痘，但是，成长何尝不是一种独特的风景呢？对于生命的恩赐，我们要以满怀感恩的心去领受它。

就像一株幼嫩的小苗，在阳光露水的恩泽下，它会长大，会开花，会结果。当你怀着甜蜜的心情注视自己的成长，你将长得更加茁壮而茂盛，因为成长是大自然赋予你的权利，因为我，还有你的父母亲，所有的人也都是这样走过来的。✉

No. 02

女孩的
气息

伊莲：

　　我总是以为，女孩是这个世界上最甘香美妙的风景，她们有着属于自己的气息。因为未被俗世的浮尘沾染，又因为携带着与生俱来的纯洁清澈，女孩子的气息让这个喧嚣的世界拥有了一方安静的净土和绝望中的希望。

　　说到女孩的气息，首先让我想到的是久久地留存在我的记忆里的由少女组成的风景。

　　一个春天的下午，我应约来到上海西区的一所市重点中学，那所学校有着99%的高考升学率，他们的管弦乐队是全市最好的学生乐团。那时候，我是一份少女杂志的栏目主持，每个月都要找一些少女聊聊敏感话题，比如代沟，比如偶像崇拜。

　　这一次，说的是早恋。

　　接待我的是一个扎马尾辫的女生，姓董，刚念高一。她独自一人在团委办公室等我，见了我，大大方方地介绍了自己，说老师开会去了，让我们自己聊。过了一会，女生们一个接一个推门进来，很有秩序地落座，互相耳语几句，然后微笑地看着我。

我说了话题，心里有些担心，生怕她们因羞涩而冷场。我说："你们是不是觉得早恋是一件很不好的事情呢？"

"没有。"她们不约而同地笑了，露出洁白的牙齿。

气氛慢慢活跃起来，她们争先恐后地发言，这有些出乎我的意料。

"有时候，大人喜欢用他们的想法来揣度我们，男女生走得近一点，他们就用'早恋'来扣帽子，其实我们之间很单纯，哪有他们想象的那样复杂。"黎抢着发言。她很爱笑，齐肩的头发在脸颊边一晃一晃的。

"我们知道如何把握自己的言行，真正的男女生友谊反而对双方都有促进。"陆说完，用征询的目光望了望大家。

"那么，大家会不会在背后议论那些男孩和女孩呢？"我问。

"即使议论，也是善意的。其实，这样的友谊很美。"廖笑着说。她个子很高，据说是校排球队的。

"不过，也不能排除一些女孩子缺少自信，以男生对她的关注来满足虚荣心。"董深思熟虑地说。

............

　　这些女孩的声音都很轻细，仿佛春天柔嫩的柳枝轻抚湖面。
她们的脸色都是白里透红的，双眸坦然地望着你，像含了一汪水。
当你朝她们看的时候，她们会热情地迎住你的目光，似乎在告
诉你，没有什么可隐瞒的。

午后的阳光穿过格子窗棂，影影绰绰地洒在少女们的身上和旁边被调皮的学生刻了字的桌子上，从侧面可以隐隐看见她们脸颊上被阳光晕染成金色的绒毛，她们的眼睛就在这样的光影里灿烂着，从那里面望得见苏醒的心灵和遥远的梦想。

我被这样的目光慢慢浸染。

伊莲，你也有着这样的目光和表情。我只是想，在少女时代，我也有过这样的目光吗？

那时候，我们都以听话为美德，提倡内敛和自省；那时候，男生和女生也互相好奇，但大家对异性之间的友谊都讳莫如深。我们的心里也悄悄地骚动着，不知为什么却要用一些堂皇的理由来压抑那些骚动，说一些违心的虚伪的话。

高二那年，我们悄悄议论着班上的凌和凯。凯是学习委员，功课很出色；凌长着俏丽的脸蛋，性格温和，只是学习颇吃力。不知从何时开始，关于他们的议论像长了翅膀一样在班上甚至年级里飞来飞去。先是有人看见下午放学后，凯从凌的家出来，手里捧着厚厚的练习册；后来是凌的语文课本里不经意地掉出了凯的照片；再就是他们双双出现在学校附近的公园里，还手牵着手……

不知道这些传言是否真实，女生们神秘兮兮地交流着关于他们的消息，这些交流大半是在课间或者放学后进行的。有一次，大家留下来排练节目，是跳集体舞，男生和女生自由配对子，不知是有意还是无意，到最后正巧剩下凌和凯两个人。排在我后面的谨拼命冲我挤眼睛，示意我朝他们看。

回头一看，凌和凯的脸都涨得通红。凌垂着头，含着胸，无精打采的样子。其实，何止我在朝他们看，许多双眼睛都在意味深长地朝那个方向瞟。目光也是有压力的，难怪他们浑身不自在。

排练结束后，凌一个人慢慢地走在我们前面。那时候，凌已经被孤立了，常常独来独往。不知怎的，与我并排走的谨突然冒出一句话来："还不是因为凯成绩好，想利用他！"我捅了捅谨，让她住口。可是凌显然还是听见了，她猛地加快脚步，接着飞跑起来，一边跑一边擦眼睛。

我说："谨，你过分了。"

谨一撇嘴，说："敢作敢当嘛。"

多年以后，我回想起这件事，总是感到内疚。那时候，对待凌和凯的事情，很多女生的心理是有些阴暗的，好奇固然是有的，还有一点说不出口的女孩之间的嫉妒和酸葡萄心理。十五六岁的少女，心里开始有些什么东西朦胧地醒来了，却羞于承认，还要压抑着。尽管有隐秘的期待和憧憬，表面上却装出截然相反的厌恶与嗤之以鼻。

那时，我们活得是多么的不真实啊！

想到这里，我忍不住问面前的这些少女："你们认为最重要的美德是什么呢？"

"真实。"董不假思索地说。想了想，她又补充了一句："活出自己的本色来，而不是人云亦云，为别人活。"

旁边的女孩也颔首称是。

我有些吃惊。

像她们那般大的时候，我何曾有过如此清醒的意识和自信的微笑。我从小便想做个听话的好孩子，不断地修正自己的言行以符合大人的评判标准。在许多人面前，我感到拘谨，觉得有无数双目光在挑剔我，我总在暗地里思忖自己的样子是否让他们顺眼又满意。

我总是想做得最好，而那种"好"是别人眼里的"好"。

有一次，我参加全校的口头作文竞赛。那时，我是年级里的作文尖子，语文老师对我寄予厚望。作文题是上场前五分钟临时抽的，题目并不难。可一进考场，望着底下密密麻麻的人头，尤其是前排评委老师期待的目光，我在瞬间慌了神，只开口说了一句，便满脑子空白地呆立在那儿。

只看见我的语文老师在那儿焦急地望着我，用笔杆敲打着评分纸；观众的眼睛里写满了失望和意外。这些表情满满地占据了我的头脑，让我无地自容。我在一片难挨的令人窒息的寂静中逃下台来，并没有人取笑我，我却像蒙受了奇耻大辱。那种感觉持续了好多天，仿佛身边的人都在用异样的眼光看我，连走路都不自在。

如果把我的这些经历告诉面前的表情轻松的少女们，她们会不会觉得很奇怪呢？眼前不断闪过她们的微笑、说话的姿态，还有她们站起身来细长而健康的侧影。

伊莲，那次愉快的谈话给了我深刻的印象，我忽然感到今天的少女和我们那个时代的少女有着那么多的差别。也许是这个时代给了她们尽情绽放青春的自由和勇气，而过去一些被视为美德的品质在今天正慢慢发生着评判标准上的变化，比如听话，比如过分的谦逊，比如克制和内敛。

　　在以后和少女的几次接触中，这种感觉渐渐清晰起来——女孩子的气息里，除了清澈纯真，还应该有像植物那样自然生长的气息吧，那是星月和阳光的气息，是溪水和泥土的气息。

　　我时常从今天的女孩子身上想起过去的自己，每每有重活一次的冲动。

　　写到这儿，我不禁记起了另一幕——那是一群来自职业学校的少女，她们被老师带来参加青少年发展中心组织的座谈，我恰巧在那儿，便和她们聊起来。老师是刚从师范大学毕业的大女孩，戴眼镜，和她们坐在一起，几乎看不出谁是老师谁是学生。和重点中学的孩子相比，她们身上似乎多了另一种气息。那是什么呢？我想了想，觉得那应该是一种安然和满足，因为没有繁重的学习压力，她们便少了这个年龄段的孩子最大的心理负担，于是有了更多的心力来实现属于她们的梦想。

　　正是夏天，她们都穿了薄薄的裙衫，露出细细的胳膊和健美的双腿，一脸灿烂纯真的表情，说话又急又快。她们肩挨着肩坐在黑色皮沙发上，你一言我一语地描述着自己的生活。

　　那个皮肤白净爱抿嘴笑的女孩是团支部书记，她有些腼腆地承认自己和班上唯一的男生很要好。其他的女孩转过脸望着

她，微笑着，眼神很澄澈，完全没有属于成年人的那种猜度和阴暗。

她们还向我解释说，那个男生在班里很孤独，团支部书记是帮助他呢。

趁老师走开的时候，团支部书记舒展了一下身子，对我说："我们老师平时和我们一样，还像个孩子，大家都不怕她。"说完，她又特意加了一句："老师的爸爸是大学教授。"她一脸佩服的样子，那神态又像是在说自己的某个朋友。

伊莲，记得我小时候对老师总隔着一段距离仰望，除了尊敬、崇拜，还夹杂着一点神秘感。对那些学识渊博为人师表的老师更是这样。

初一的时候，我和我的好朋友铃儿都喜欢着我们的语文老师阳，那是一种发自内心深处的喜欢。阳正值中年，端庄而亲切，虽然她只教了我们一学期，但是我和铃儿都牵挂着她。我们对阳的感情就像今天的少女对偶像一样热烈、执着。

我们在休息日的早晨，跑去公园冒着罚款的危险偷偷采来了带露的鲜花，悄悄地插到她家的门把上；当阳在教工运动会上获得长跑冠军，我们偷偷寄上一封匿名的祝贺信；许多个黄昏，我们徘徊在她家附近鹅卵石铺成的甬道上，一次又一次地抬头，期盼着阳会突然出现在摆满鲜花的阳台上……那种快乐隐秘且饱满，这令我们在心里编织着属于自己的遥远的灿烂星辰。

这时候，年轻的老师走了进来，少女们并未因老师的出现而显得拘谨，该笑的还是笑，该说的还是说着话。老师无声地在沙发边的椅子上落座，一脸好奇地瞧着她的学生们。有个穿格子裙的女孩提高嗓音，宣布说她很快乐，习惯于一个人在家看书听音乐，从来不感到孤独，甚至有离开父母独居的冲动。旁边的女孩们没有表示同意也没有反驳，只是安静地听着。另一个皮肤黝黑看上去很温柔的女孩慢悠悠地说，并不是所有的孩子都像她们一样松弛，重点中学的学生有沉重的升学负担，而她们则不用过多地担心前途。

"你们以前也像我们这样吗？"团支部书记冷不丁地问我，她的鼻尖上沁着细细的汗珠。我发现她每每说话都是微笑着的，甚是讨人喜欢。

我犹疑着，不知该如何回答。如果我简单地说"是"或者"不"，那都不是圆满的答案。任何时代的少女都似出水的芙蓉，只是有的沉重，有的轻盈，而今天的少女正在慢慢走向清澈和纯粹。

也许我是否回答，已不重要了。见我迟疑，她们很自然地转换了话题。眼前晃动着她们热情洋溢的脸庞，耳边跳动着溪水般透明而晶亮的声音，这一切，让人想到明媚的春光，想到雨后横跨天边的虹，想到树林里晨雾中沾着露水的竹笛声……哦，不，都不是。少女，本就是一道风景，还有什么能与之相比的呢？

伊莲，写到这里，我还想起了另一些图景，那是一种迥然不同的气息。那种气息，是与女孩不协调的，然而，我也曾在有的女孩身上嗅到过。

那是很多年前的一个冬日的傍晚，天色早早地暗下去，房子、马路和行人都被一张巨大的灰网罩住了。

我挤缩在汽车的一角，不断地感受到来自前后左右的压力，忙碌了一天的上班族在寒冷的气流和苍茫的暮色里都显得有些焦躁不安。车在高低不平的路上颠簸，修了一半的路像一条歪

歪扭扭的破碎的蛇蜕，窗外是简陋的工棚和筑路工人茫然而机械的表情。我试着从空气浑浊的车厢中段往前挪了几步，走到了两个十多岁的女中学生旁边。在一群神情呆板的成年人中间，她们是显眼的两个，一个短发，一个留着及肩的长发，都穿着牛仔裤和薄绒衫，你一言我一语兴致勃勃地谈论着。

"他又写信给我了，让我寄张圣诞卡给他。"短发说。

"哼，真荒唐。"长发撇撇嘴。

GIRL'S BREATH

"他说他对我是真的，如果我愿意，他会像兄长一样照顾我。"短发继续复述信里的内容。

"他以为他是谁呀。"长发颇不屑地说。

"我真不知该怎么做才好。"短发无奈地咕哝了一句。

"你上次给他的回信，口气不够强硬，得让他彻底死了这条心！"长发俨然一位苦口婆心的长辈指责道。

· · · · · · · · · · · ·

她们还在说着什么，只是我无心再听下去。她们的声音具有少女特有的那种明朗和清澈，如碎玻璃一般划破了车厢里死一般的沉寂，那纯净的音质像一道明媚的光影在污浊的空气里跃动。可惜的是，那抹光影里仿佛掺杂了一些碍眼的浮尘，变得生涩、不和谐。我回头朝她们看了看，稚气柔嫩的脸庞，乌黑灵动的眼眸，两个让人赏心悦目的少女，只是……

还有那一幕——

偌大的火车站候车室里人流熙攘，倦怠的人、焦灼的人、静坐的人、走动的人……聚集在一起，真的是鱼龙混杂的地方。

我背着行李包，找了一个空位坐下，左边是个穿皮夹克的男青年，正低头吃着热气腾腾的"康师傅"。伊莲，我向来不喜欢火车站的候车室，不仅是因为嘈杂和混乱，更因为那儿的人们在旅途前表现出的浮躁和焦虑，当然还有夹杂在人群中的求乞者眼神中的猥琐和猜度。"康师傅"浓郁的酱香不时地飘过来，竟勾起了我的食欲。

这时候，在离我两米远的地方，一个七八岁的女孩正佝偻着腰伸着手向旅客乞讨，旅客也找乐子似的跟她搭讪着。我别过脸去。当乞讨成了一种职业，便变相成了对同情心的嘲弄。而我最反感两类乞丐，年轻力壮的和年幼的：对前者是出于对不劳而获的鄙夷和不屑；而对后者则出于深深的遗憾，一个从小丢失尊严的人，无法想象他将来是否能做一个真正的"人"。

女孩一步步挪动着，手中依旧空空。面对这看似虚伪的弱小，人们正一点一点地丧失怜悯，这似乎是不争的事实。

我能听清女孩乞讨的声音，是非常好听的水晶般透明的童音，她一直在念一段有节奏的乞讨词，带着并不明显的安徽口音：

> 叔叔好来，
>
> 谢谢你啦，
>
> 行个好吧，

祝你一路顺风呀！

⋯⋯⋯⋯⋯

她一遍又一遍地念，不厌其烦的。许久，见对方没有反应，才不愠不恼地离开，找下一个对象。

我隐隐地有点怕她，怕什么呢？自己也说不清。

女孩挪到了吃"康师傅"的青年膝前，又照原样念了一遍。青年只顾"呼噜呼噜"喝汤，连正眼都未瞧她。

女孩失望地朝他看了一眼，将目光移向我。

那是一双怎样的眼睛啊，是两颗大而黑的葡萄珠，凝着水，深深的，看不见底，看不到浑浊。那双未经尘世沾染的眼睛望着我，忽闪了两下，然后她启开小嘴唱道：

阿姨好来，

谢谢你啦，

行行好吧，

祝你一路顺风呀！

⋯⋯⋯⋯⋯

她反反复复地唱，声音清脆响亮，像在唱歌谣。她直直地正视你，毫无一般孩童面对生人时的胆怯和羞涩，让你无法逃遁。

我突然有些不忍，将手移到口袋边上。女孩见状，竟"扑通"跪倒，更加响亮地唱，依旧直直地望着我。旁边的人都往这边看，脸上挂着看热闹的俗气的笑。我从口袋里摸出一枚一元的硬币，轻轻放在女孩的手心。

女孩立时住了口，朝我磕了头，不声不响地挪开了。我心里的石头终于落了地。

我望着女孩小小的背影想，这样一个灵气四溢、颇有胆量的孩子，若上了学，真的会不一般呢。这样想着，便从心底为女孩感到可惜。不管怎样，她都是个与众不同的小乞丐。

火车进站了，人们纷纷站起来，用劲地向前拥。

这时候，队伍前面突然爆发出尖叫声。我抬眼望去，一个小孩正奋力地推开众人，踩着椅子跳出来。是她，那个小乞丐！她手里攥着个东西，一脸的愤怒和焦躁，表情和先前判若两人，那是一副成人才有的表情，和她幼小的身躯颇不协调。在密集的人流中，她像一片河上的叶子，不断地被水波推来逐去。她正逆着人流往外跑。

片刻，前边又响起了一个声音："我的钱包，快抓住那个小孩！"待人们意识过来，那个女孩早已杳无踪影。

火车汽笛响了……

伊莲，这两幕场景和那些美好的画面一样，长久地留存在我的记忆里。我在想，同样是女孩子，为什么前一种气息让人心生愉悦，而后一种却让人感到别扭？

那是因为，每个人在不同的年龄，应该具有和年龄相应的气息。天真、朴拙、稚嫩、清澈、惶恐、羞涩、良善、纯美，都是属于女孩的气息，而与之相对应的，是晴天、春雨、远山、瘦树、童话、朦胧的夜梦、院子里的小花……这样一种和谐，符合美的内在规律。

池田大作说过，尽管肉眼无法得见，鸟有鸟飞之道，鱼有鱼游之道。在千变万化的人的相貌中，也同样存在一条俨然不动的道。

同理，人在不同的年龄，自然会有与年龄相契合的相貌、感受与表达，以及相对应的人生阅历。如果一个花季女孩的心境提前进入秋意甚浓的中老年状态，并且沾染上世俗的气息，她便有了一种畸相，这无疑是别扭的、不美的。

伊莲，其实，在滚滚的红尘中，所有的人都无法逃遁于人间俗事的旋涡之中。污浊的空气会模糊秀丽的风景，城市的噪音会涌入耳道冲破耳膜，绿洲正渐渐被荒漠吞噬，当然还有人们之间理不清的千丝万缕的干系。

在这个世界上，最美丽的，除了最本原的大自然，便是天真无邪的孩子了，尤其是莲花般的女孩。她们像芳馨的水中之荷，浑身散溢着甘香，历经尘世之劫，却了无垢痕；人潮汹涌于她们来说，有如无声的幽林、无染的净土。

我想，车上的少女和那个令人失望的小乞丐，只是许许多多女孩中的个别，我依然喜欢那些宁静无忧、纯净如水的莲花般的女孩。

她们在哪里呢？在扰攘的车声人潮中，她们是莲花，是引渡我们的奇迹。

伊莲，我相信，你正是那样的莲花。✉

No.03

# 最最珍视的
# 生命

## 伊莲：

　　你正经历着一生中最最变幻复杂的时期。每一天的你，几乎都是不同的。当你逐渐呈现少女独有的韵味，当你渐渐看清成长的真相，便会意识到，在生命的潮汐中，并不是只有美好。生命的潮汐轻拍海岸，如婴儿呢喃，有时，它也会风云突变，掀起滔天巨浪，将我们吞噬。

　　生命不可能有两次，很多人，或许连一次都无法好好度过。但凡美好的事物，都是有限的，是终将逝去的。生命看似坚韧，实则脆弱。

　　在一个严寒的冬夜，我的同学浩永远离开了这个蕴含生机的世界。浩走时，紧紧握住妈妈的手，说："妈妈，我想活，我还想活啊。"浩只有十七岁，却患了不治之症。浩的生命凋零在深冬，春天的脚步即将走近的时候。

　　我还清晰地记得，病床上的浩形容枯槁，蔫蔫的像片枯叶。

我站在浩的床头，心痛地感觉到生命的精灵从浩的身体里悄悄地逸出。浩的眼睛里流露出对未来的渴望、对生命的眷恋。他的目光停驻在一只气球上，那只火红的气球被系在病房的窗棂上，正调皮地摇曳，成为暗灰的天空下一道蓬勃的风景。

我更清楚地记得，浩曾经和我一样，穿着整洁的衣裳端坐在教室里，面色红润，聚精会神地听课。

浩不是一个活跃的学生，少言寡语，但他生命的气息也曾经融合在我们这些热情奔放的心儿里，为绚丽多姿的生活欢呼。

然而，生命终究好脆弱，无力战胜病魔。在浩的葬礼上，我看到了浩的灵柩，他如蜡像一般无声地平躺在那里，骨瘦如柴。哀婉的音乐飘在灵堂的上空，我不敢再看浩，只是泪流不止。我的泪为浩也为自己而流，为生活对浩的不公，为年轻生命的易逝。

走出灵堂的时候，暖暖的冬日阳光正温柔地铺泻下来，碎金一般洒在伙伴们的脸上、身上。大家的脸上还挂着泪痕，但我却强烈地意识到，即便是哭泣，也是生命赋予我们的权利，而浩呢，此时却一无所有，没有阳光，没有空气，他的身躯化作一抹青烟袅袅升空……

伊莲，回想起来，那是我第一次真正地体会到自己的富足。

当我在阳光下轻松地行走，呼吸着新鲜的空气，我感觉到一种活跃的生命力在我的体内跳动。拥有生的权利，对一个人来说是最大的幸福。而这种幸福却总是被我们忽略，正因为拥有得太多，所以我们才不懂得如何感受生活。

浩的离去，给了我一次重新认识生命、认识生活、认识自我的机会，我蓦地发现平淡的成长中竟然有那么多值得咀嚼回味的东西，生活是多么厚待我。

也就在那一刻，我的心底漫卷起无边的感慨，逝去的日子又如秋风中的梧桐树叶，哗啦啦响了——

母亲怀我的时候，曾经持续低烧了一个月。医生严厉地警告母亲："你未来的孩子可能是个痴呆儿！"不知道是什么力量让母亲坚持保住了我的生命，是母爱的天性吗？

母亲似乎对自己的骨肉充满了信心，她要把我生下来！十月的一个微寒的早晨，我出生了。父亲忐忑不安地奔过来看自己的孩子是否健全，他摸摸我的手指，又摸摸脚趾，终于长吁了一口气。母亲却笑了，小声说："我们的孩子怎么会不棒呢？你看她白嫩的皮肤，小巧的五官……"是的，当我刚刚来到人世，生活便给了我一大恩赐，让我逃过劫难，和其他孩子一样顺利而幸福地诞生。

这种幸运，是父母赐给我的。

当我还是个婴儿，生活又给了我一次生的机会。那时候，照看我的保姆是个嗜烟的中年女人。她无意间将一截未熄的烟头丢在了我的小被子上，很快，一股焦臭味在室内弥漫开，点点火星在被角上灼烧，而在厨房忙碌的保姆却一无所知。

我安静地躺在那里，不哭，不闹，因为那时的我全然不知火对生命的威胁。当家人赶来时，被子上已烧了个大洞，洞的边缘离我的小脚只有一厘米。我依旧乖乖地躺着，毫毛未损。生活再一次善待了我。

小学时，班里有个女孩叫颖，小小的个头，白白的脸。她常神情忧郁地望着黑板出神，很少笑，也极少玩耍。我怀着好奇心和同情心去接近她，和她说话，同她游戏。阳光很灿烂，老师很可亲，我不明白颖为什么不快乐，更认为我们没有理由伤心。直到在一个晴暖的午后，我在颖的家里看见了她父亲那张阴郁的脸。颖哭泣着告诉我，她母亲在她很小的时候去世了，父亲的脾气很坏。我想安慰颖，然而我用什么理由来慰藉她，我有什么资格来宽慰她？我有完整的双亲，尽管他们之间偶尔会有令我胆战心惊的摩擦，但同家庭残缺的颖相比，我不知要幸运多少倍。

伊莲，生活总是以点点滴滴的经验提醒人们，她是怎样厚爱着每一个人。即便是一种亏欠，也可能转化为日后的财富，就看你如何看待它，积极地将消极的因素转变为对自己有利的因素。

成长是如此平淡，生命的潮汐总是无声无息地伴随我们每一天。成长又是多么慷慨，送给我们一次次惊喜，只是我们太粗心了，往往看不到雨后的初晴、狂风停歇后的安宁，以及写在脸上的笑意。

少年浩早已化作青烟，离我们远去，但在多年前的那个冬日，少年的我却重新出发，踏上了新的生命旅程。我想，我会永远携着对浩的怀念、对生命的感恩去感受去珍视平凡而又非凡的生活。

然而，伊莲，并不是每一个孩子都能幸运地感受生活的美好，并且懂得珍视生命。当生活不再神秘，我们是否就该因此失去等待的勇气和欢乐的权利？

伊莲，我多么不愿意回忆这段往事。但我不得不与你分享。

那一年，她是同你一样的年纪——十三岁，这是一个敏感多思、风雨飘摇的年纪。

我曾经无数次地设想她的脚尖离开阳台的那一刻，在她坠落的时候，内心是否在用力挣扎。但是，现实已不容她后悔。她的身体直线下降，夕阳的金黄在大片的绿荫上闪耀，那浓得化不开的绿成为她生命中的最后一抹风景。

她静静地仰卧在树下，脸上带着似有似无的笑。但她周围的世界——她的父母、所有爱她的人都在瞬间跌入无边的黑暗。

在生命的最后时刻，她留下了三封遗书，一封给老师，一封给同学，一封给爸妈。她在遗书里检讨自己"很脏""很坏"，她必须"用生命的代价弥补曾经犯下的错"。

伊莲，你一定震惊了！有什么"错"，必须要用生命的代价来弥补？！

是的，当我听到这个消息，我也无法相信。因为我曾经看着她的母亲十月怀胎，看着年幼时的她跟着自己的父亲来编辑部玩耍。那时候，她是一个多么天真可爱的小丫头！

她是家人和同学们的开心果。她总是面带微笑、充满阳光。在班上，和她的同学相比，她大概是最不受爸妈管束的一个。她的爸妈开明民主，从不限制她玩电脑游戏、看 NBA 球赛转播的自由。他们都是研究生毕业，二十年前离开家乡来到这座大都市求学打拼，自然懂得这个年龄的孩子需要什么。她刚上初一，爸妈便和她约法三章：信任，向上，不偷看。这三条，她说她最中意"不偷看"，无论是日记、QQ 空间还是手机短信，她都不用担心被偷窥。

　　她的爸爸永远记得那个早晨，到死都不会忘记。像往常一样，爸爸开车载她去上学。车子沿着树木葱茏的街道，一路向西行驶。她在爸爸身边有说有笑。

　　"疙瘩解开了吗？"爸爸问她。

　　"No problem."她的音调轻快得像只小鸟。

　　关于那个疙瘩，爸爸和她心照不宣。这些日子，她曾愁眉不展，因为她珍视的友谊遭到了背叛。

　　爸爸是一个大人。在大人眼里，对小孩子来说，没有什么坎是大不了的。他们习惯用轻描淡写来化解孩子的烦恼。

　　伊莲，但我知道，哪怕是在大人眼里最细小的烦恼，在你们这些孩子的心中，也可能会演变成惊涛骇浪，因为你们常常会用放大镜去观察周遭的世界。

她的烦恼，在爸妈的眼里，真的没有什么大不了。她的烦恼，缘于最好的朋友千秋泄露了她的秘密。她们曾经约定，除了彼此，谁都不告诉。千秋不但传播了她的秘密，在遭到她质问后，还在给别人发的短信里侮辱了她。

她实在想不通，反复问父母："好朋友怎么可以这样？"

伊莲，你会像她那样，眼睛里融不进杂质吗？你是否也以为，所有人都应该像你一样，单纯、透明、热情、赤诚？你的世界是纯色的，不应该有阴霾、虚假和躲闪的敷衍？

然而，伊莲，事实上，世界有多种颜色，朋友也是一样，有各种类型。而真正长大，一定要经历悲喜交加的过程。

伊莲，她和你一样，是一个早慧的孩子。你爱读书，小小年纪，已经认识了李白、杜甫、曹雪芹，还喜欢上了村上春树和茨威格的文字，可你未必能感同身受那些文学里的世界。因为你的阅历还不够，你无法明白，一个人的长大不仅依赖书本，更需要去经历，需要付出泪水的代价。

爸爸后悔万分：他目送着女儿一蹦一跳地跑进学校，以为风波已经过去。他无论如何也不会想到，若干个小时以后，他的女儿会遭遇什么。

那天最后一节本来是自修课。班主任方老师走进教室时脸色就很难看，她神色严肃地评点了当天同学们的表现，并没有马上让他们自修，而是说："今天，我们还有些事情需要处理。"

接下来的时间，成了她的灾难。"昨天，沈若雯和千秋在校门口吵架吵得很厉害，对我们班造成了不良影响。"方老师尖脆的声音撞击着墙壁。沈若雯是她的名字。

她沉默。

"我今天上午找她们两个人都谈了话，千秋认识到自己的错，但沈若雯的态度并不好。"方老师说。

然后，方老师点了千秋的名字，让她走到讲台上来打开班上的公用电脑。所有人都如临大敌，明白一场暴风骤雨即将来临。

方老师要千秋打开的是沈若雯的 QQ 空间，她的空间密码几个好朋友都知道。但是，教室里的网络信号不好，空间无法打开。于是方老师说，去办公室吧。

千秋跟着方老师去了办公室，前后大约十来分钟。这十来分钟，她始终低头沉默。

方老师和千秋回来时，方老师脸色涨得通红，手里挥舞着一张 A4 打印纸，上面是从 QQ 空间里复制下来的文字。

方老师盯着她，一字一句地说："沈若雯，你上来。"

她抬起头，从座位上站起来，慢慢地走了上去，站在了讲桌的右边。

方老师看了一眼手上的 A4 纸，说："你能不能告诉我在 QQ 空间里对千秋说了些什么？"

她没有回答。

方老师继续说："什么叫'我对你够好了，没有让你缺胳膊断腿儿'？"

她仿佛是随口回答："只是恐吓她而已。"

方老师说："你应该知道恐吓的含义和分量，如果你是成年人的话，恐吓就是在犯罪了。其实每个人出生时都是一个好人，都没有问题，但是为什么会有监狱？监狱就是为你这样的人准备的。"

她不吱声，眼睛红了。

方老师又说："你这样和同学闹矛盾，是不是不想在这个班、这个学校待了？"

她摇了摇头，还是没有吱声。

"你是中队委员，很聪明，在学习上确实没有大问题，而且你的爸爸妈妈还是很关心你的……"

这时她抽泣起来，开始反驳："那又怎么样，他们也就只关心我的学习成绩，一天到晚就是叫我做练习，其他什么都不管，我也懒得跟他们多说。"

她的这番话出人意料。她的爸妈还以为女儿对他们的宽容是满意的，他们哪里知道，女儿心里还有不能示人的一面！

方老师提高了嗓音："这个问题我会帮助你与你的爸爸妈妈沟通的。你先反省自己。你是很会写东西，却把长处用在恐吓别人身上，用在说朋友坏话、诋毁他人身上。让大家看看你都写了些什么！"

方老师把 A4 纸扔到她脸上，大声责骂："你这样做真的很坏、很脏，你在这个班上会影响其他人……"

她蹲下来，抱住自己的身体，无声地哭。

方老师却没有停止，继续斥责："你不要挑战我的极限，也不要考验我的耐心，更不要用死来吓唬我！"

伊莲，我后来才知道，老师说的这些话是和沈若雯 QQ 空间里的文字一一对应的。她的空间里有类似的句子："如果方老师你再这样对我，我就流浪到你家混混，不行的话，我就跳楼。你到我的房间把东西收拾好，我到阴间好享用……"

方老师的训斥持续了将近半个小时。她一言不发，哭个不停。

放学了，她哽咽着回到座位上。准备离开时，她幽幽地对同桌说了一句："可能明天，你再也见不到我了。"

伊莲，这便是事情的前因后果。

她轻易地选择了和这个世界永别。然而，在死后并没有得到平静。围绕着她的死，是一连串无休止的调查和问责。她的葬礼拖到死后一个月才举行。

伊莲，我去了她的葬礼。

那天天气酷热。她妈妈穿了件黑绉纱、黑花边的裙子，四十出头的年纪，头发却在一个月里花白了；她爸爸原本浓密的头发现在也剃光了，乍一见，几乎认不出来。女儿走后的日子，夫妻二人的世界陡然换了人间。

念完悼词后，她的爸爸妈妈将一枝鲜红色的康乃馨轻轻放在水晶棺木上。开了冷气的吊唁厅里站满了人，多半是大人，偶见几个面色苍白泪流满面的孩子，他们一定是沈若雯的同学。

但我没有看见她的班主任方老师。

葬礼是平静的，没有仇恨，也没有哭天抢地的场面。半个小时后，我们默默地离开，眼前的大理石广场被太阳晒得明晃晃的，仿佛雪霁后的原野，凄白而苍凉。

我想起我自己。

大约六岁那年的某天，我做错事，被母亲痛骂了一顿。母亲说了什么，我现在全然不记得了，但清晰记得当时的心情：我憎恶自己，觉得自己很脏很坏（恰如沈若雯生前得到的评价），有那么一刻，我心底一片灰暗，感受到了绝望。我悄悄地走出房间，来到厨房，从抽屉里摸出一把水果刀。我试着用水果刀的尖端去刺自己的胸口，"我不想活了"，心里涌出这个念头的同时，眼泪扑簌簌下来了。

六岁的小孩子，并不懂得生死之艰难，却也懂得永远的了断是种解脱和对自己的惩罚。水果刀并没有刺进去，因为穿的衣服太厚，也因为没有彻底绝望，依然留恋生之美好。

这个世界上，有什么可以让我们彻底断念的呢？

生命，有时是多么多么的重，有时却又是多么多么的轻。

照片上的沈若雯灿烂地笑着，她微眯着眼睛，眼神清澈地看着她离开后的世界，却把一连串问号抛给活着的人，也把永无止境的伤痛留给挚爱她的亲人。

伊莲，也许我们无法感同身受地体会沈若雯的绝望，但我相信，这个十三岁女孩的内心一定有着太多不为人知的曲折与奥秘。她走向绝望的路看似只有一个小时，实则漫长而辛苦。

又有谁曾经悉心而体贴地探索过她那段长长的路？

伊莲，每个人都曾经历过成长，成长的辛苦和无奈无可回避，也不能回避。但在成长中无论遭遇多大的苦难，都不值得用生命的代价去偿还！

我只愿，每个大人都不要忘记自己年少时曾有的懵懂、彷徨、困惑和不可理喻；每个成长中的孩子，都要相信自己的美好与清白。

伊莲，这个世界美妙与丑恶并存，长大的过程，你走的何尝不是一条披荆斩棘的道路？又怎能甘心走了一半就先输给自己？

沈若雯永远离开了我们，但是世界美好如初，时间欢奔的脚步从来不会停歇。

阳光会覆盖所有的阴影。

伊莲，你正处于茁壮的青春期，你的身体会慢慢散发出成熟自信的气味，那是阳光的气味、月光的气味和嫩芽的气味，是世间最美好的气息！伊莲，好好爱自己吧！爱自己的身体，爱自己的生命，爱生活中所有的喜与悲。唯有如此，你才会彻彻底底地拥有这个世界。✉

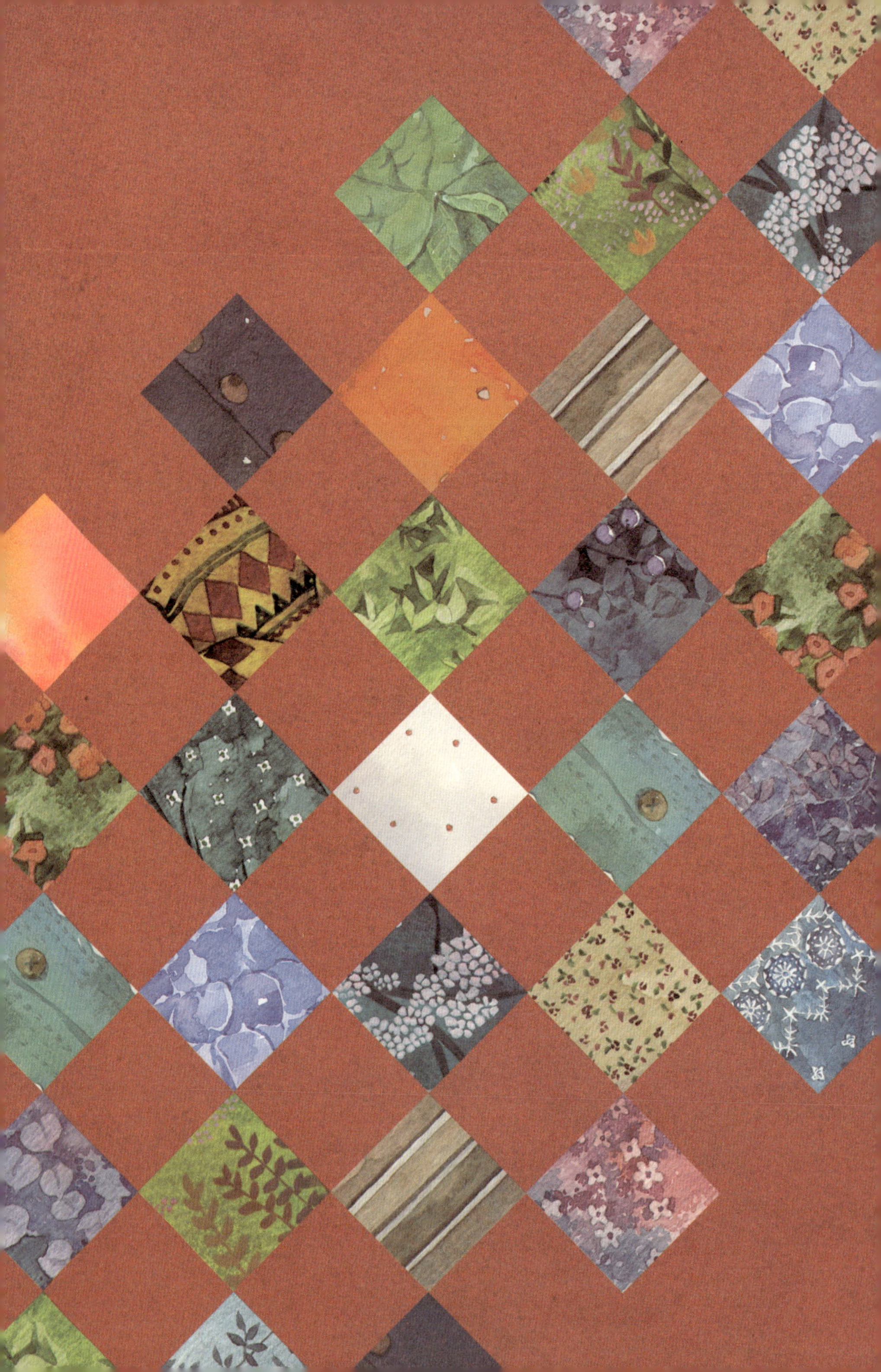

No.04

# 男孩和女孩

伊莲：

　　这封信里，我想和你谈谈男孩和女孩。

　　那时候，我还是一个十三岁的女孩。

　　在学校旁边一条覆盖着金黄色落叶的小路上，玲儿将手拢在嘴边，轻轻地告诉我："徐兵考进了咱们学校，他说将来要和你结婚，你可要小心点。"我听了，惊得满脸绯红。玲儿善解人意地拍拍我的肩，嘴边滑过一丝神秘的笑容。尽管我在心底竭力地怀疑这句话的真实性，然而不祥的预感还是像巨大的黑鸟一样落到我的头上，让我的心战栗不已。

　　徐兵曾经是我的小学同班同学，一个身材高大、神情狡黠的男孩子。三年级时，他把一支刻有"我爱你"三个字的木头铅笔硬塞给我，学着大人的样用寓意深长的眼光注视我，朝我微笑。我惊慌失措地揣着那支铅笔，把它藏进了抽屉深处，在慌乱恐惧之余似乎还品味到了一点隐约的满足。

也许每个女孩都是渴望被男孩喜欢的。那支小小的铅笔让我感到了一丝喜悦，这种喜悦是羞于对人言说的，我甚至为这种心情感到惭愧。我告诫自己，徐兵是个坏男孩，不要理睬他，否则他会纠缠不休。于是，我有意冷淡他，不再辅导他功课，不与他搭话。我的行为很快换来了徐兵的有力报复。课间，他像一头小兽围绕着我奔跑，趁我不备抢夺我雪白的绒帽，将它扔在沙堆上；当我从他家楼下经过时，他从楼上朝我扔小石子，那石子在我眼前滚过，把我吓得一惊一乍；他还找人挡住我的去路，无缘无故地威胁我……徐兵的种种行径使我深感困惑，男孩究竟是一种怎样奇怪的动物啊，爱憎不分、行为极端、反复无常、桀骜不驯（当然不排除有好男孩）。

渐渐地，我对徐兵产生了一种恐惧，我躲避着他，不敢独自行走，生怕遇上他。我一直这样战战兢兢，直到徐兵留级——我能够真正地摆脱他。

而此刻，玲儿的话让我再次陷入胆战心惊的状态。他是一个多么张扬的男孩啊！我在心里愤愤道："我不怕他了，不怕了，我已经是中学生了。"我给自己打着气，寻找种种理由来鼓舞自己。幸运的是，以后的事态并没有想象的那样糟糕。偶尔，我在校园里迎面遇上衣冠不整的徐兵，我用坦然不惧的目光注视他，他却侧过脸去，像陌生人一样与我擦身而过。

我暗自庆幸，一个人的成长可以让她抛却胆怯，变得勇敢而坦荡。然而，我仍旧看不透男孩，并且始终把男孩视作与女孩截然不同的异类。他们有时像不谙世事的顽童，吊儿郎当，不拘小节；有时显得英武枭勇，成群结队地在校园里呼啸而过；有时毫无遮拦地在走廊上嬉闹，显得豪放不羁。最令我疑惑的是他们对女孩的态度：他们会恶作剧一般把女孩的发辫悄悄地绑在椅子上；他们会抓来青蛙或者毛毛虫，拎起它们在女孩面前一晃而过，吓得她们哇哇惊叫；他们会把自己的同伴往女孩身上推，然后暧昧地狂笑……他们究竟是喜欢女孩还是讨厌女孩？

然而，我所描述的情形在今天的校园里很少见到了。我有一次去一所中学讲课，当说到男孩和女孩的问题时，男生们举手齐声控诉班上的女生们是如何骁勇地欺负他们，女生们立刻站起来反驳，渐成一场男女生之间有趣的论战。我经历着这一切，想起自己年少时的那些事儿，觉得特别有意思。

我上初一时，一个绰号"大头"的男生给了我心痛的记忆。

课间休息时，他先是对我崭新的铁皮铅笔盒感兴趣——铅笔盒很漂亮，鹅黄的底色上面有两只灵巧的黄鹂，是妈妈送给我的新学期礼物。"大头"端详着铅笔盒，微微咧着嘴，表情滑稽而奇怪。我透过他的表情隐约看到了不祥的征兆。

果然，他猛地举起一把黑色的长柄雨伞。"你要干什么？！"不等我发问，"大头"已将锐利的伞尖戳向了我心爱的铅笔盒。他嘟哝着，像要狠狠发泄内心的不满，一下，一下，猛戳那鹅黄色的盒面。

顿时，上面出现了几道深深的划痕，亮亮的，像是在控诉。我想护住它，但那伞尖攻击的频率太快了，几乎要触到我的手指。我竭力屏住眼泪，因为我不愿在一个无理取闹的男生面前显示我的脆弱。"够了没有！"我冲他叫道。"大头"怔了一下，扔下雨伞，得意地朝我看了一眼，又瞥了一下伤痕累累的铅笔盒，扬长而去。

我呆怔在原地，眼泪在眼眶里打转。我自信没有对"大头"做过什么错事，因为我一直善待所有的同伴。我也没有把这事告诉老师，因为我不愿为"大头"招来过多的麻烦。我眼前只是一再闪现"大头"歇斯底里的动作和神情，以及不再光鲜的铅笔盒，心里像堵上了棉花，欲哭不能。

男孩呀，真是些不可理喻的危险家伙。

伊莲，真的是这样，在很长一段时间里，我一直对男孩怀有深深的不解和惧怕。

我有一件格子花纹的纯棉衬衫，我从初二起就没有穿过它，尽管它的尺码足够我穿到初中毕业。我最后一次穿它是在初一那年夏天。

放学后，我像往常一样和女孩子们结伴回家，迎面走来几个头发长长的大男生，其中一个曾经是同班同学，后来去了工读学校。他们叼着烟，眯着眼睛瞧我们，不怀好意地笑着。走到跟前时，从他们那儿忽然飞出一截燃着的烟头，恰巧落在我的前胸，衬衣上顿时烫出一个焦黑的洞。我没有叫喊，因为叫喊声会引来更多的不快，我感到皮肤隐隐作痛，更痛的却是在心里。旁边的女伴们七嘴八舌地抱怨起来。我说算了，然后掸了掸胸前的烟灰。那几个男生打了声呼哨，回头得意地看我们。他们的目光叫人可怜，既不磊落也不英勇，唯有恃强凌弱的卑微之气。

伊莲，在我长久的印象里，男孩和女孩之间一直竖着一堵

无形的墙，这堵墙让男孩和女孩之间缺少理解。男孩们以种种乖戾的行为表现他们的强悍和勇敢，尤其是在女孩面前，他们更乐此不疲。他们喜欢听女孩胆小的尖叫，看女孩软弱的眼神，并且为此兴奋不已。

BOYS AND GIRLS

　　其实，你不知道，男孩们都是喜欢女孩子的，我直到长大后才明白这点。男孩们欺负女孩子，往往是因为"浪漫"的兴趣和内心的"爱"。

　　伊莲，回顾你的成长，你能清晰地看到那条轨迹。

　　心理学研究者发现，三岁以前，当"男孩"和"女孩"的意识还没有在孩子头脑中较好地建立起来的时候，孩子们跟不相识的同性相处要比跟不相识的异性相处容易得多。

　　在孩子们的早期学校生活中，性别分离变得越来越普遍。在儿童晚期，这种分离更为彻底了。从一次对四、五、六年级

孩子们友谊圈的大型调查中得知，没有男孩愿意参加任何一个女生群体，也没有女孩愿意参加任何一个男生群体。虽然在每个年级都有一些孩子有自己的异性朋友，但这些异性朋友不能加入他们各自的小群体。学校里的座位模式也存在明显的性别分离，而且孩子们会给那些企图打破这种模式的人很大的压力。

不过，到了小学高年级，孩子们开始对异性有了"浪漫"的兴趣。但是，这种爱和兴趣是隐秘的和别有用心的，并且通过非直接的方式来感受异性的吸引力。通过这些方式，他们为长大后的浪漫关系做了准备。有意思的是，在"追求异性"的过程中，孩子们通常用一种与实际愿望背离的方式表达对异性的喜欢，这种现象在男孩身上表现得尤为明显，而女孩通常会寻求同性的帮助。

如果了解了这一点，对那些糟糕的尴尬的经历，你就会轻易地释然。

后来，当我看到一群男孩推推搡搡地欺负一个女孩的时候，我温柔地原谅了他们。他们揪女孩的辫子，是因为他们好奇女孩们的头发是如此柔软，且散发着芳香；他们逗女孩哭，是因为女孩的眼泪像飘飞的春雨，清新、柔和，那嘤嘤的哭声也好似一曲动听的音乐。可惜的是，男孩们不懂得如何表达他们的喜欢。

于是，他们要么冷漠地对女孩不加理睬，要么就不怀好意地搞各种恶作剧。

男孩，你为什么要这样呢？就是因为缺少沟通，才让男孩和女孩之间产生了多少积怨和隔膜。现在，虽然我已经能理解过去遇到的种种不快，但还是太晚了，毕竟，我也曾深深地惧怕、讨厌过男孩。

伊莲，我在十四岁的时候开始反反复复做同样的梦：午后的阳光透过乳白色的窗纱斜射进来，投在黑亮的钢琴上，细碎而灿烂。在琴键上跳动的，是一双少年纤长的手指，如轻盈的鱼，又像鱼鳞般的波浪。少年的脸模糊着，隐约觉得他沉浸的眼神融化在宁馨的光影里，一支无声的曲子绕着钢琴缓缓流动……

醒来时，竭力想忆起那支曲子的名字，却恍若隔世般的遥远，而那些敏感的音符仍时时叩击着我的心房。

从此，我才开始真正注意起男孩。

小的时候，我喜欢虎头虎脑的男孩子当我的玩伴。那时，好像性别间的差异不大。周围的一些小男孩会像女孩一样动辄哭泣，被父母亲护着宠着。而我从小便是个独立的女孩，和男孩一起玩办家家时，总固执地要做"妈妈"，让男孩做"宝宝"，我给他"盖被子""打针""烧饭"。在我眼里，有时男孩甚至比女孩更弱小。

我想起关于男孩的一些美好的记忆。

冰娃是给我当过"宝宝"的男孩，从苏州的乡下来，理着个桃子头，眯缝着眼，常咧开嘴笑，露出半颗俏皮的虎牙。冰娃刚来的那天，穿件对襟的碎花小褂，脸上起了皲裂，红扑扑的。我盯着那件碎花小褂发笑，嘴上却不说。冰娃和邻居家的那些小男孩似乎不一样，没有娇嫩的皮肤，也不会躲在大人背后朝你挤眉弄眼，偷耍些小计谋。冰娃有些木讷，总是傻傻地笑。

去几站路外的叔叔家吃饭，我和冰娃一前一后坐在叔叔的自行车上。下坡时，叔叔一不小心，将我和冰娃一齐摔了下去。我记得自己当时哭得很响，左半边脸火辣辣地疼，抬头见冰娃左半边脸擦伤了一大块，血正一滴滴往外渗。叔叔大惊失色，不知所措，冰娃却没哭，爬起来，拍拍屁股上的灰。我不记得后来是怎么被扶上车的，又是怎么到叔叔家吃了丰盛的饭，只记得，冰娃虽磕出了血但没有淌眼泪，而自己却哭得很凄惨。我第一次意识到还有和女孩不一样的男孩，他们是坚强的勇敢的。

上了小学，身边一下子多了不少像冰娃那样勇敢坚强的小男孩，可我对他们却多了层惧怕，正如我先前所说的，也许是因为他们根本就不屑于和丫头片子打交道，显出孩子气的冷漠；也许是因为他们往往把欺负女孩当成赌注以证实自己的勇敢；也许是因为他们眼神里那股捉摸不定难以理喻的机灵劲儿。

小伟却是极友好的一个玩伴。四年级之前，小伟的个子比我矮，我曾尝试着抱起他转圈，引来大家的喝彩。稍稍懂事后，每想起这事，我就感到羞赧不堪。

小伟不像有的男生为"三八"线问题和女生纠缠不休，或干脆给女生"奋力一击",很多的时候,小伟表现得宽容而随和。他乐意和我一起玩双杠,或去郊外抓蝌蚪;他把好看的玻璃鱼缸塞给我,或爬上树为我采来满篮子有着甜花蕊的槐花。

最感动的是那一次,放学路上我被高年级的一个坏小子盯了梢,那家伙时不时地往我的脚后跟扔石子儿。走在前面的小伟看见了,停下步子转过身,朝那坏小子大声喊了句:"孬种!"小伟的声音尖细而响亮,是男孩子特有的圆润的童音,却有一种难以言传的力度。我担心地望了望个子不高的小伟,生怕激怒了坏小子,只见小伟像英雄一样挺胸站在街沿上,黑黑的眸子透着无瑕的纯真,小小的身体里似乎酝酿着勃发的生命力。坏小子嘟哝了一声,竟怏怏地走了。

在那个年龄,除了小伟,我也许有足够的理由居高临下地看同龄的男孩,不仅因为个子比他们高,学习比他们出色,更因为他们的迟滞、邋遢、大大咧咧,还有偶尔表现出的女里女气。

我们几个小女生有时聚在一起嘻嘻哈哈地开玩笑,说那个爱用手指卷额前"刘海"的浩不需化妆就能扮成女孩,然后大家伙点点滴滴地描述起浩日常生活中有趣的小细节,比如爱跷跷兰花指啦,比如别出心裁地涂点指甲油啦,比如用纸圈套在手指上当戒指啦……其实，浩只是个贾宝玉式的善良男生。我们对浩并不反感，只是觉得男孩无论如何都不该和女孩一个样。

伊莲，男孩和女孩的相处往往遵循着合——分——合的规律，那是我们成长中必经的轨迹：年幼时，因彼此太多的共同点而融洽相处，是和谐的玩伴；稍稍长大，因暧昧的羞涩、模模糊糊的抵触和矛盾而视同陌路；再大些，又有一股莫名的吸引力将男孩女孩的心撩拨得明明暗暗。

其实，一切都是那么平常，如同早晨雾气缭绕的宁静的小树林，生命在无声地生长。

我从十四岁开始才反反复复做那样的梦，像许许多多同龄的女孩子一样，只是她们不说，我也不说。可我们却在注视高年级球星的目光里，在对班里某一个优秀男生的莞尔一笑里，在不无憧憬地议论年轻男教师的言谈里，流淌着一种若有若无的向往，那向往仿佛翠绿欲滴的嫩芽儿，茂茂盛盛，蓬蓬勃勃，储满了生命的汁液。

那个弹钢琴的少年在我的梦里时隐时现，那少年是真诚、坚毅、果敢、豁达的化身，我辨不清他的脸，但能想象他线条分明的轮廓、深邃的眼神。我更向往着这个成长中的少年能成为我最诚挚的朋友，我俩有说不完的共同话题，彼此激励共同成长。

星辰朗朗的夜里，夜风将棉质窗帘轻柔地撩动，做完了一天功课的我，有时便会想起这个有些离奇有些温馨的梦。我的心纯净得如高原的湖泊，只是淡淡地想，想过，便如云丝飘过，不留痕迹。真的，这个年龄的孩子都是纯净如水。

但是，伊莲，青春期并不会总是如此平坦、无波无折，有时你的情感会不可避免地冲刷出一条暗流汹涌的河流，独自渡过十分危险。于是你需要一个帮助你摆渡的人，这个人，可能是和你心灵相通的伙伴，是爱你的爸爸妈妈，也可能是了解你的师长，或者，就是你内心的另一个坚定的声音，是你成为怎样一个人的内心抉择。

当我一点一点长大，涉入青春的河流，我当然也遇到过有惊无险的风波——

说不清从什么时候开始，我的心灵遍洒了阳光，而我的心绪也好像绿茸茸的秧田，看似平静，其实每一阵微风荡过，都引起所有的枝叶震颤。

对的，我的喜悦与躁动，是因为心里怀有了少女的秘密，而它，正是一切幸福与不安的根源。

我的目光跟随着他，目送他推着自行车，在我前面走出校门。他的背影高大、挺拔，令人联想起伟岸和正直；他讲起课来生动而且幽默，表情镇定又富有变化，而且用目光和学生交流。我勇敢地迎上去，期望从他的眼神里读懂更深的意蕴……

他是我的历史老师 J。

初三毕业，我直升本校的高中。有一天，他作为校长助理主持召开直升生的座谈会。我透过玻璃看见一个高大的男老师走过来，很陌生很年轻，步履间透露出一种磊落之气。他在我们对面坐定，表情亲切自然地询问我们每个人的打算，给人一种信任感。

他是我所接触的第一位年轻的男老师。

读高一时，J 老师恰巧教我们历史，我怀着好奇心和新鲜感坐在下面听他讲课。他上起课来，语速急而快但不失细致周到，引经据典博古通今颇令人回味。我用看熟人一样的目光注视他，少了一些唯唯诺诺的恭敬。偶尔，他也会用悦纳的眼神回答我，没有大多数老师的威严。

记得第一次历史测验，我没有得到应有的理想成绩。下课后，J老师在后面冷不防地用一叠考卷敲我的头，说："怎么才91分？"开玩笑的口气里带着兄长似的关切，他说着，还男孩子一样淘气地冲我挤挤眼。那一刻，我明朗地觉得，我和J老师的相处自然而随意，J老师的稳重和偶尔流露出来的男孩子气，让我欣赏、向往。渐渐地，J老师成了我心中的偶像。

花季里的女孩是不是都有偶像呢？我没有问过同龄的女孩子，但我能肯定，这个年龄的少男少女都有自己好恶的对象，他们的热情总是肆意散溢，寻找寄托是挥洒青春的一种方式。就像当年别的女孩迷恋歌星影星一样，我欣赏J老师，与她们的区别仅在于我的偶像就在身边。

也许我可以坦然地告诉同伴我对J老师的欣赏，可以无拘无束地享受自己这份美好的心情，可是，变化却在悄悄中发生了。

我渐渐发现，我不再能平静地迎住J老师向我投来的目光，尽管我依然神情专注地倾听他讲课，并且尽力捕捉他游移的视线，但是一旦和J老师的眼波相遇，我却会情不自禁地低下头去，心底泛起一股暖暖湿湿的潮水。

我开始仔细揣摩J老师的一颦一笑、一举一动。他的一个细微的眼神、一个不经意的姿态，在我看来都散发着成熟的魅力。有时候，我甚至觉得 J 老师是在为我一个人讲课，他的目光在我身上停留的时间最长，滔滔不绝中，眼神里流露出我熟悉的体恤与关切。于是，我也努力地使自己的目光变得真诚而坦然，然而这种努力难以持久，慢慢地，隐隐的忐忑便会浮上来，像一条蠕动的蚕轻轻噬咬我的心。

J 老师的名字开始频频出现在我的日记里，我不再把日记本堂而皇之地置于桌面上，而是将它藏匿到了抽屉的深处，连同我心里的秘密一同锁住。不知不觉间，我站在镜子前的时间也长了，常常琢磨这个头饰是否过于鲜艳，思索衣服颜色的搭配是否和谐。我问自己："我这是怎么了？"

不知从哪一天起，各种各样的心绪像野草般密匝匝地生长起来，一个没有开头的故事就这样在我心底悄悄演绎。

我不会忘记那一刻，我体会到的悸动和温暖。高二那年，我主持学校的国庆联欢会，红艳艳的篝火在大操场上跳跃舞蹈，密麻麻的人头攒动着，此情此景让人意气风发心旌摇曳。我的主持很成功，我知道这离不开 J 老师对我寄予厚望的眼神。

会后，J 老师神采飞扬地朝我走过来，步履轻快，面带微笑。

作为校长助理的他为这场晚会付出了许多心血，现在，他终于松了口气。他在我面前站定，含笑注视我。"真不错！"他赞许道。说着，他伸出一只手搭在我的肩头，并且用力按了按。我感到他的手掌宽大、温厚，一股温暖的电流顿时传遍了我的全身。

跳集体舞的时候，我曾握过男同学的手，也曾接受过父亲温柔的抚爱，但唯有这一次让我产生了终生难忘的感觉。走在回家的路上，十月的夜风轻拂我的面颊，酥酥痒痒的，兴奋和惶恐交织着的心情像精灵一样闯入我的胸膛。"初恋"，我猛然想到这个令我向往着怯又惶恐的字眼，呵，初恋，火红而纯情的初恋，就这样过早地降临到我少女的心田？

母亲似乎觉察出了我的不安，她以漫不经心的方式观察我心绪的变化，时不时会提醒我两句："最近你是不是分心了？""有什么心事一定告诉妈妈。"只是，我把这份心情视作了不可告人的秘密，它搅扰了我止水一样的心境，只能将它埋入心灵深处，我更清楚地知道这份布满了花香和荆棘的心情，会让我的世界遍地芬芳，也会将我领进晦暗阴湿的丛林。

我仍旧习惯注视 J 老师的眼睛，喜欢用目光和他交流，然而总有一个声音时不时地提醒我："让你的目光坦然起来，你没有什么秘密！"我还是像过去一样保持着和 J 老师频繁的学业上的接触，把他视作一位诚挚的朋友，告诉他我的烦闷和希冀，他也会向我吐露他的想法，坦荡与信任成为我们交流的基础。而且，我努力使自己出色，我不愿让 J 老师注视我的眼神失望。这种精神上的依托牢牢支撑着我，催我上进……

我的心绪逐渐平坦，尽管在寂静的夜里，我仍会细细咀嚼心中涌动的热情，但是不安已悄悄隐退，取而代之的是不懈的努力和不断完善自我、让自己更优秀的信念。

中学毕业的前一天，我和 J 老师长谈了一次。我们怀着无限的留恋回顾三年的高中生活，回顾相处时产生的愉悦和小小的不快。我笑了起来，笑得很舒畅；J 老师也笑，笑得很明朗。他边笑边说："你是个成熟可爱的女孩子。"

我的心里忽然有了小小的波动。其实，像 J 老师这样一个有着丰富阅历的人，是不可能对一个小女孩内心的波澜浑然不知的。无论怎样掩饰，我的眼神都会不自觉地泄露我内心的秘密，只不过我始终没有把它说出来罢了。

"祝你成功！"J 老师伸出了手，我握住它，仿佛是握住了明天的勇气和希望。阳光灿烂着，把我的心底照得透亮。

伊莲，一路走来，我由衷地感谢青春：是它让我怀有了人之初最真最纯的情感，也让我在情感的洗礼中走向成熟，并用一颗既独特又寻常的心去感知生活。

　　这，就是青春留给我的刻骨铭心的纪念。

　　伊莲，你也会拥有独属于你的青春的纪念。将来的某一天，成年后的你会愿意与我分享吗？✉

No. 05

最熟悉的
陌生人

## 伊莲：

你想过吗？在青春的某个时期，最亲的人也会变成陌生人？

"为什么我们不能像电影上的母女那样相处，每当我看到影片或电视剧里亲情流露的画面，我就会流泪……我不明白，难道妈妈只是我的陌生人？"

"有很长一段时间，我一直以为自己有很重的心理疾病，我仿佛是在晨光熹微的森林里跋涉、摸索，阳光抚触我的心，可我的眼神却迷茫，我不知道自己需要什么……"

十六岁的芷儿睁着有些迷离的眼睛望着我，她很安静，从眼神到姿态。她是那种喜欢在月光下，就着橘色的灯光茗茶读书的女孩，但凡这样柔静似水的女孩，都有一颗不安宁的心，犹如暗流涌动的冰河。

芷儿嗫嚅着嘴唇，寻找合适的词语表达她内心的感觉，这种感觉很微妙，语言几乎难以承载它的内容。

我说："没关系，我可以体会你的心情，因为我也有过心乱如麻的年龄。"

芷儿说："我有一点同性恋，我痴迷地'爱'上了我的女老师……"

其实，芷儿有一个对她照顾无微不至的妈妈。妈妈把芷儿当作生命的全部寄托，她曾经深情地注视着芷儿，说："要我为你做任何事都可以，芷儿。"可那时，芷儿一点都没有感动。假如那时，妈妈是搂抱着芷儿说这句话的，哪怕只是将手轻轻搭在她的肩上，芷儿都会泪水涟涟的。

妈妈的搂抱，在芷儿的记忆里，早已是模糊而遥远的事情了。恍惚中，芷儿记得那样的场景，是在她两三岁的时候吧，妈妈带着她在绿草如茵的大草坪上戏耍，芷儿跑着跑着，不小心绊了一跤，妈妈急急地跑过来，扶起她，抱她在胸前，一边轻轻地拍打她身上的泥土，一边说："芷儿，我的小宝贝！"芷儿的脸埋在妈妈温润的怀里，听得见妈妈亲切的心跳和喘息，她被那软软的身子抱着，心里是那样的安宁和踏实……

自从有了清晰的记忆，芷儿便不再有被妈妈拥抱的体验了。所有的东西，妈妈都把最好的给芷儿。妈妈的同事也对芷儿说：

"你的妈妈是世界上最好的妈妈。"芷儿脸上努力现出幸福，心里却轻颤了一下，有一句话，她无法说出口，她不能说自己和妈妈还隐隐约约地隔了一层，在心灵深处，妈妈就像她的"陌生人"。陌生感并不是在新的环境里才会有，即使在熟稔的人面前，在熟稔的环境里，陌生感也会像风一样乘虚而入。

伊莲，触觉是人所有的感觉里最深刻的体验。即便早已离开妈妈的怀抱，我们仍然在冥冥中寻找另一个怀抱，渴望着亲近、渴望着抚爱、渴望着另一个身体的温度，就像我们需要吃饭、喝水一样，这是最本能的需要。

然而，有多少人得不到触觉的满足？有多少独自经历着青春期风浪的孩子一直渴望着妈妈的怀抱？中国人的感情很内敛，有的人到死都不会对所爱的人，尤其对子女或对父母说上一句"我爱你"。芷儿也从来没有对妈妈说出自己的需求，因为她羞于启口，她只是越来越热衷于看外国电影，看电影上六十多岁的体态臃肿的老母亲和她的儿女紧紧相拥。

芷儿企盼着感动，这种感动是和平常的生活不一样的，芷儿迷惘着这种感动是不是只有影片中才有，生活中却遍寻不着。这时候，只要有人能给予她情感上的安慰和满足，芷儿都会感

激涕零的。

十多岁的芷儿就像饱含汁液的叶片，张开皮肤上所有的毛孔，渴望着抚摩，渴望着情感的浸染。无数个深夜，她缩在被子里，想象这是一个温柔的怀抱，她甚至望着黑漆漆的天花板，轻轻地呼喊一个假想的名字，那是一个成年女人的名字，她会直白地表露对芷儿的感情，会将芷儿搂在怀里，搂得她喘不过气。

芷儿不知道自己的需求是不是正常，更不知道别的女孩是否也有相似的心情，她困惑着，同时隐隐地盼望着。直到有一天，她找到了情感寄托的对象，飘忽的心终于安静地泊下来。

那个人是她的语文老师，和她的妈妈年龄相仿。语文老师叫紫玲，很美的名字。开学第一天，当紫玲老师穿着碎花长裙走上讲台，用水波一样的眼神望着大家的时候，芷儿就喜欢上她了，并从心里认定和紫玲老师有一种契合。

那个下午，芷儿最后一个离开教室，紫玲老师在背后叫住她，走上前来和她同行了很长一段路。紫玲老师用略微沙哑的嗓音问这问那，分手的时候，她将手轻轻抚在芷儿肩上，很亲热地触碰了她一下。在那一瞬间，芷儿的心怦怦直跳，有种触电的感觉，望着紫玲老师远去的背影，芷儿几乎要哭出声来。

芷儿就是从那时"爱"上紫玲老师的。

每天，她用耳朵捕捉紫玲老师的声音，用目光搜寻紫玲老师的笑容，一遍又一遍地想象与紫玲老师单独邂逅。有好几次，芷儿特意徘徊在紫玲老师家附近，久久地凝望那个垂挂着紫色窗帘的阳台；有好些晚上，芷儿辗转反侧地回忆紫玲老师在白天的一颦一笑，想象着自己可能和老师发生的故事。芷儿有了一个带锁的日记本，上面画了玫瑰梦幻图案，里面所有的文字都是关于紫玲老师的，都是芷儿藏在心里不能对人言说的悄悄话。

"当别人都在为影视里的男演员神魂颠倒的时候，我为什么偏偏喜欢上我的女老师？我这是怎么了？"芷儿抬起苍白的小脸，望着我。

不用芷儿多解释，我早已体味了她的心情。

人其实是最脆弱的动物，因为人有情感，许多成年后性情软弱的人，大半是由于从小精神上营养不良。一个人慢慢长大的过程中，可以逐渐抛掉童年时所依赖的细致照顾，最不能摆脱的是情感的滋润。小时候，需要抚触，长大了，一样需要有一双手在他脆弱的时候抚摩他、一个臂膀在他无助的时候抱紧他，更何况正处于心理和生理成长期的芷儿呢？

芷儿的妈妈一定是深切地爱着她的女儿的，可是越爱的人往往越羞于或者说认为不需要直露地表达爱意。也许她的心里充满深深的爱意，但她实在不明白，自己亲近的女儿时刻等待着妈妈张开双臂，抱抱她，说一声："妈妈需要你，妈妈爱你……"

伊莲，我看过一本心理教科书，里面有这样一个实验：将刚出生的小猴与母猴隔离开来，给它两个人造的母猴，一个是冷冰冰的金属猴，身上放着供小猴取食用的奶瓶；另一个是温暖的布猴。小猴只有在饿了时才爬到金属猴身上，其余时间都抱着布猴，贴它在怀里，寻找安慰。

我对芷儿说："你没什么不正常，对温暖怀抱的需求是'物'同此心，心同此理。你的妈妈只是不知道你的需求，或者她还不习惯这种直白的表达。那你为什么不告诉她呢？为什么不让自己的心灵和情感舒展开放，像躺在春天的草坪上一样，让心情也晒晒太阳？只有把心窗打开了，让清新的空气自由流动，你才会发现阳光能照到你心里有阴影的一角，阴影淡去，明媚便会爬上你的心墙。"

当寒冷的季节到来，我们需要妈妈给我们披上挡风的围巾，那我们自己是否也可以做一双小小的手套，牵住妈妈冰冷的指尖？要知道，触觉里，包含了真正的关切和安慰。

伊莲，在需要时，请一定抱抱你的妈妈，感受一下或许久已陌生的妈妈的怀抱吧，给予她爱和力量。这最简单，然而直通人心。✉

No.06

爱的
表达

伊莲：

在上封信里，我和你说起了女儿对母爱、对拥抱的渴望，说起了在某个特定时期，最熟悉的人也可能会变得陌生。其实，陌生的未必是他人，成长着的自己也正在变得陌生。你有了更多的需求，这些需求和物质没有太多关联，关乎的是情感与精神。你不得不一点点看清生活的真相，在失望和遗憾的同时，慢慢地调整与适应。

荣格说，真正的美，其实是一种消失。伊莲，你将渐渐懂得，任何东西都不可能永恒存在，但是如果能在心灵的记忆里永不消失，这将是一生最美的礼物。

所以，我们总是提醒自己，拥有时，一定要万分珍惜。

伊莲，你可曾想过，尽情表达内心的爱，也是一种珍惜。

在我年少的记忆里，有一段和爱的表达有关的故事。

她不是我的情人，我却写了一本关于她的书。我在里面向她倾诉，在很长的时间里，抱着它入睡。在那些梦想和困顿纠缠的岁月里，它是一束温暖柔和的微光，照亮并安抚女孩惶乱的心。

我是它唯一的读者。

她是我初中时的老师。那时，她教邻班的语文，总是早早地到学校。那个年龄里，我心里含羞着，常常要自觉或不自觉地掩饰包裹自己，于是，走路也是低着头。那个早晨，我正在校园里走着，从垂着的眼睑下，瞧见一双黑布鞋，白的边，秀气的圆口，横搭襻，衬着白棉袜。那双脚很快地超过我，带过一阵风，抬头，就看见了一个修长的背影、顺在耳后的短发、藏青色的手织毛衣，还有拎在手里的一个纸袋。我站在后面看着她，莫名地就生出了一股亲近。我想，这样一种没有来由的亲近，多半是因为老师娴静、优雅、内敛的气质符合了少女的我对理想女性的向往吧。

伊莲，在那个年龄，不仅会对异性产生"浪漫"的兴趣，也会对年长的同性产生类似的好感，很久以后，我才知道，心理学上把带有这样一种心绪的时期称为"恋慕年长者期"。女孩子在欣赏的成年女性身上看到未来的自己，并且以她们为榜样，规范着自己的行为喜好，以期接近那个心目中为自己设定的目标。

我没想到，第二个学期，她就成了我的班主任。

早晨，她静静地站在窗外，温和地看着教室里闹成一团的孩子们，不说一句斥责的话。她有一种安静的力量。里面的孩子们见着她，自然会慢慢安静下来，乖乖地掏出书本来读。

伊莲，你会慢慢懂得安静所具有的魔力。事实上，只有放低音量，才能真正引起他人的注意，而在一片喧哗中提高嗓门，无非是增加了噪音的分贝而已，这正如在一堆绚烂的颜色里，唯有素朴的颜色才能让人心仪一般，而我们在一日复一日的喧哗中，又与多少美好的事物擦肩而过了呢？

这是题外话了。

她喜欢女孩子，尤其是那些安静的女孩子。和你说话的时候，她轻轻地揉揉你的肩，扯一扯你翘起来的领子和衣角。这些细小的动作，让她充满了母性的魅力。她大概也觉出了我对她的喜欢，上课的时候，目光总要落到我的身上，别人答不出来，她就说："你说说看，好吗？"

我坐在下面看着她，在那个背阳的却流淌着暖烘烘的身体气息的教室里，她是冬天里的暖阳。那个年龄里，我渴望着身体的拥抱，渴望着母爱和他人热切的爱的表达，渴望着一颗包容自己的心，恰巧我遇到了她，并且产生了一种特别的情感。我不知道别的女孩会不会也有类似的体验，它没有异性之爱浓厚和痛楚，却更圣洁真纯，就像拳击手爱蝴蝶，歌唱家爱沉默，我对她的爱，犹如闪电爱宁静纯净的屋顶，蒲公英爱温厚广袤的大地。

在爱的浸润里，枯涩的生活会变得光艳照人。那样的爱，竟是可以支撑起一个女孩整个的希望的，像一束光，将我从逼仄处引向开阔地。

在她的目光润泽下，我发现自己可以更加好。那种好，是她喜欢的。我愿意做她喜欢的事，就像婴儿为了拥有母亲的怀抱，努力表现出娇弱和乖巧，我在这一个属于少女的梦中渐渐接近那个虚化的美好境界。

那短短的两年，也许是我迄今为止的生命中最充实最艳阳朗照的日子。在我的意识里，她已经不是一个真实存在的她，更多的时候，她成了一种女性的象征，我从她身上，揣摩并渴望着自己的未来。

上了高中，她不再是我的班主任，但我和她还是在同一个学校，只是不再能常常见到她。被繁重的学业扭曲了的生活并不让我喜欢，也没有人代替她成为我眼里的亮点。我只能在经过她办公室的时候，搜寻她的影子，很多次，都是失望的。于是，便在每个做完功课的深夜，从抽屉的深处，掏出那个包好了封皮的本子，写下一些秘密的话，几行，或是几段。那些话，看似是写给她的，其实又是在和我内在的心灵对话。在那个情绪多变的年龄，通过这种倾诉，我有意无意地调整着自己，努力使自己心绪明朗。

写着写着，我会看见她远远地站在空阔的走道尽头，看着我，眼睛里永远透着欣赏和温情，母性的、含蓄的、沉默的。这些来自心灵深处的目光和夜里橘色的灯光糅合在一起，撑起一把暖色的伞，把夜的寒气挡在外面。

这件事，我一直做了三年，到了后来，它慢慢变成了一本薄薄的书。

我去看过她几次。一次，是高一那年的春节，和初中的同学一起去的。走的时候，她特意拉住我，摩挲着我的背，说："一定要常来啊。"这话像是对所有人说的，又像对我一个人说的。

我点头，又害着地低下头去。

还有一次，是上大学之前，和母亲一起去的，去向她告别。她送我一只绒毛小狗，躺在编得很精致的竹篮里。去上海念大学，它是我带走的唯一的玩具，我把它挂在我宿舍的蚊帐里，而那本关于她的书，一直藏在箱子底。

现在，很多年过去了，装小狗的竹篮早已破损，小狗依然完好地被我收藏着。

记得上大一那年，发生了很多事。有一件，就是关于她患癌症的消息，据说已经是晚期。寒假回去时，她刚刚动完手术，我去看她，大衣口袋里揣着那本关于她的书。听说她得病，我第一个想到的，就是把那本书拿给她看，我想让她知道，又羞于让她知道。我怕，她会永远失去看到它的机会。

她仿佛一夜之间憔悴了，倚在床头，像一片失了绿意的叶子。脸刀削般瘦下去，只有眼神没有变，依然是鹿一样温和善良。她没有谈她的病，我更不敢提，手在口袋里摸索，触到那个光滑的封面，却始终没有把它拿出来的勇气。它好像一块冰，在应该拥有它的人面前，会忽然被热力融化。它太丑陋，太浅薄，我惧怕它的丑陋和浅薄会玷污那份永远都无法表达的深情。

我始终没有让她看到它。走到冬天的太阳下，我把它从口袋里掏出来，那上面浅浅地印着我的手印，带了一层细汗。

后来，她竟奇迹般地熬过来了。我听说她能下床走动了，听说她走出去锻炼了，也听说她在深夜里绝望地哭泣，还听说她再也没有胖起来，瘦得要被风吹倒。

我给她写信，说一些身边的事，却绝口不提她曾经对于我的意义，还有那本秘密的写给她的书。她有时候回信，有时候不回。每次放假，我都要去看她。她重新有了笑，她说她在好起来，可以讲课了，只是课时很少。我在她的相册里看到我送给她的照片，放在醒目的位置。我们开始聊一些属于大人的话题，我长大了，她却老了。

转眼十年过去了，她依然活着，早已超越了常识上癌症患者的存活期。我不再担心她的健康问题，相信她会像她那个年纪的人一样，好好地活下去，一直到老。有一年冬天，她告诉我，她很快就会举家迁回上海，她的大女儿在上海工作，小女儿也去了新加坡，她要回来住了。我很高兴，说："以后我可以常去看你了。"春节之前，我去了她在上海的新家。我们坐在阳台上说话，冬日的阳光暖融融的，我不禁想起上学的时候，坐在教室里听她讲课的情形，也是这样黄黄的光线，空气里有微尘飞舞，心里很暖，有被拥抱着的感觉。

走的时候，她轻轻揽着我的肩，执意把我送到车站。我的肩上，停留着她的温度，依然是少女时代的记忆。那时，我是那样地渴望她的温度，而现在，也许到了应该我给她温度的时候了——我轻轻挽了她的臂，我感觉到她厚衣服里的手臂是那样的瘦弱。

此后很久都没有她的消息，是我太忙了，忙到疏于问候心底一直在想念着的人。当我想起去看她，已经是半年以后的事了。可我，却永远找不到她了。

　　她去世的消息只有很少人知道，这是她的心愿。弥留的日子里，她瞒住了很多关心她的人。我知道的时候，她所有的气息早已在这个世界上消失殆尽。那一刻，我没有哭，在以后的几天，却始终摆脱不了梦魇的感觉。伊莲，人在最悲伤的时候，未必会流泪。那一刻，许多许多复杂的情感糅杂在一起，让我无所适从。

　　我只是清楚地知道，我永远地埋葬了让自己表达的机会。那本书，那本关于她的书，从此失去了它一直期待的读者。更为可悲的是，现在的我，是再也不可能那样虔诚地去爱一个长者了，更不可能有一个人像她那样有力量长久地照耀我。我埋

藏了那本书，也埋藏了长大的自己。

伊莲，生命中会有各种各样的错失，有些错失可以挽回，有些却可能成为一辈子的痛。伊莲，你说，我会因为没有最终说出对老师的爱而追悔不迭吗？在经历了短暂的失落之后，我醒悟过来。尤其是当我回忆起和老师相处的日子，我恍然意识到，自己已经通过另外一

种方式最大限度地表达了对老师的爱。

伊莲，爱，是一个多么美好的字眼，它是人生最温柔的伴侣。当然，爱不仅仅是指狭义的男女之爱，它包含了太宽泛的内容：对父母的爱，对周遭世界的爱，对大自然中每一个生灵的爱……爱只能用爱来交换，欲得到爱，先得学会爱的艺术。

表达，应该是爱的艺术之一吧。

弗洛姆的《爱的艺术》，是我最喜欢的一本阐释爱的哲学的小书。在弗洛姆看来，爱是一种主动的能力，爱的基本要素有四个方面，分别是关心、责任、尊重和了解。他认为，一个人关心他爱的对象，就要为之而努力。他爱他为之努力的东西，同样他为他所爱的东西而努力。是的，如果你真正地爱别人，就该真正地爱自己，努力让自己优秀，并且从给予他人的爱中收获快乐与成长的动力。

伊莲，在那些被老师的光环照耀着的日子，我仿佛一只羽化的蝴蝶，努力让自己的触角去靠近阳光——向往美好的品德，获得独立自由的人格，懂得从给予中收获爱。这一切，既是老师给予我的，也是我回报老师的爱的表达。与苍白的语言相比，这样的表达是不是更有力量呢？

爱的表达的载体并不仅限于文字和言语，相比文字和言语，"为你所爱的东西而努力"更有力量。在爱别人的过程中，在洞察和模仿那个被爱的人的行为中，我们也找到了自己，提升了自己。

　　伊莲，这难道不是另一种更高层次的爱的表达吗？当我这样想的时候，心中的结便悄悄释然了。我相信，即便老师没有读到我写给她的书，细腻敏感的她早已从我的眼神、表情和我的努力中看到了我对她的爱……✉

No.07

没有丑
女孩

伊莲：

　　那天你来找我，进门第一件事，就是让我欣赏你的新裙子。这真是一条大方别致的裙子，蓝底白点的图案，剪裁得体，没有多余的缀饰。相对你的年龄，款式和颜色似乎略微成熟，然而却在不经意间衬托出了你的朝气和活力。

　　伊莲，当我是个女孩的时候，也偏爱美得低调的服饰。真正的美，不需要刻意喧哗来夺取眼球。太耀眼的颜色，会令视觉麻木。唯有让观者安静下来的装束，才给了他们内省的心灵空间，得以欣赏到你的美。

　　说起美，伊莲，你或许不会想到，我曾经以为女孩爱美是一件丢人的事，它只能偷偷地藏在心里，千万不能拿出来晒太阳，就像做了错事羞于见人一样。

　　这在今天的女孩看来一定不可思议，可我们那个时候确确实实是这样想的。

　　这是一段关于"美丽"的记忆。

　　小时候，妈妈喜欢给我穿老气的衣服，印象最深的有两件，一件是绘着深色图案的丝绸连衣裙，我第一天上学时就穿着它。我至今还清晰记得我穿着这条质感很舒适的裙子，踩着双红白相间的皮凉鞋，被妈妈牵着手从班主任身边经过的情形。

　　我的小小的心里充满了自信，那种柔软的裙边摩擦小腿的凉丝丝的感觉，一直渗到我心底。说不清我的那份自信，是因了对新生活的好奇，还是因了这条漂亮的丝绸裙子。

　　还有一件是戗驳领的藏青色灯芯绒上装，腰身细长，还有两个斜盖袋，是妈妈亲手裁剪缝制的。我第一次穿它时，它几乎触碰到膝盖，妈妈让我在里面套上大红色的高领毛衣，一红一蓝，相映生辉。我喜欢穿着它在雪地里走，听踩雪时发出的"咯吱咯吱"的声响，像是一曲和谐而幽然的冬之音乐。一个高高的大男孩迎面走过来，擦身而过时，我听见他嘟哝的声音："好苗条啊！"我突然有些生气。我不知道自己为什么生气，这本是一句没有恶意的话呀。

　　我似乎是不自觉地掩饰什么，掩饰爱美的天性吗？

　　曾经不止一次听大人说，爱漂亮的小姑娘读不好书；读的童话里，喜欢打扮的小女孩总是没有好下场。它们像可怕的咒语，给我及时的提醒。

我尽力把一些爱美的体验从头脑里驱逐出去，比如趁大人不在家的时候，从衣柜里翻出各种各样的花衣裳，在胸前一一比试；比如把三五件头饰一股脑地戴在头上，将红色的毯子围在腰间，模仿古代的仕女款款行步；比如对着镜子，或低眉或抬眼，欣赏自己或喜或忧的表情；比如偷用大人的唇膏，把自己的嘴唇涂得鲜红鲜红……它们统统成了我所鄙弃的"垃圾"。我以专心学习不讲究打扮来显示我的"纯洁"，显示我决不会因沉迷于打扮而"分心"。

初中时，班上的玲和岚是最爱漂亮的两个女生。她们都留着披肩的长发，尽管学校不允许留披肩发，她们还是会在放学后或假日把头发散落下来，软软地又极美丽地搭在肩上；她们是最先穿上大红裤子在校园里招摇而过的初中生，鲜艳的裤子把她们的双腿修饰得纤长而健美，也招来了无数羡慕又嫉妒的目光；她们会上午穿一套活力十足的牛仔装，下午又换上大气的羊毛外套，一天更换两套衣服，从同学们惊奇的目光中走过，脸上从没有羞色。

　　玲的发饰更是新颖而别致，或是一把象牙红的微型梳子，或是缀着亮晶晶小球的发串，或是草莓状俏皮的发球，常引来女生们围着她观赏议论。玲像个公主一样被女生们围着，告诉她们这个是哪里买的，那个是怎么做的。我看着玲阳光灿烂的笑靥，心里涌起古古怪怪的感觉：不屑、羡慕，还是懊恼？

　　有一次，班里开联欢会，老师让每个同学都穿上最漂亮的衣服。那天我站在镜子前犹豫不决，穿这件簇新的鹅黄色大衣吧，显得太招摇；穿那件样式新颖的外套吧，又太显眼……我迟疑着，拿不定主意，最后还是选了平时穿的羽绒衣，才觉得自在多了。

　　岚走进教室的时候，她把每个人的眼睛都照亮了。

　　我心里泛起的唯有羡慕的感觉。岚梳着高高的马尾辫，穿着雪白的羽绒衣，搭上红色的裤子，既和谐又充满朝气。她的脸蛋红扑扑的，从上到下透露着青春少女才有的活力和自信。岚像一阵风一样在座位上坐下，几乎每个同学都意犹未尽地回过头去看她。我也看着她，用真诚的欣赏的眼神，同时也为自己的胆怯和虚伪而害羞。

　　其实，玲和岚才是最真实的，也是最勇敢的。或许，她们爱美的心理稍稍急切了一点，但是挡不住的是她们追求美、展示美的渴望，这才是最最自然的事。

我本美丽，当我是个孩子的时候，我就这样想。我盼望着别人认可我，赞赏我是个漂亮的小姑娘，不然，我怎么会总记着那个高高的大男孩对我说的话呢！真的，只不过我将爱美的欲望藏匿得好深。

没有一个女孩不爱美。爱美，是女孩的天性。但是，伊莲，你有没有想过，有时，爱美之心也会成为成长中的羁绊。我们来到这个世界上，未必是平等的，且不说各人的出身和资质有高低，各人的长相也是先天注定的（虽然现在可以通过整容术去完善长相）。天生容貌姣好的人，他的成长可能会比容貌丑陋的人顺遂。

初一时，皮肤黑黑的晓芳在黑板上画了一个北京猿人的头像，然后背着手在教室里煞有介事地走了一圈，扯着嗓门说："我们班里有个北京猿人，这个人是谁她自己知道！"历史课上刚刚学过北京周口店人类始祖的知识，她的话引发了大家的联想。此刻，晓俊的头正拼命地低下去。最近她和晓芳发生了不悦，晓芳是在用这种令人尴尬的方式向她实施报复。晓芳这么一挑拨，几个男生凑在一块咻咻地窃笑，平时和晓俊关系不太友好的女生也幸灾乐祸地挤眉弄眼。

坐在我后面的晓俊终于忍不住趴在桌上痛哭起来。我转身安慰她，她抬起头，泪水纵横，面孔涨得通红，鼻尖上的皮肤皱成了一个疙瘩。

晓俊确实不美，甚至有些……丑，一个女孩的外貌竟是可以给人取笑的，而且用来作为攻击的武器，我忽然强烈地意识到这一点。我不禁联想起晓俊平时的境遇：逢到合唱，她总是站在后排最不显眼的位置；外宾来了，老师会无故地把她从前排换到末排；很少有同学乐意和她说话或是结伴而行；上课提问时老师也极少点她的名……的确，晓俊是个丑小鸭式的女孩子，她站在被人遗忘的角落里，带着一点点惆怅和一点点懈怠。

同班同学叶菲的处境就截然不同了。她的舞姿优美，歌声也动听。音乐课上，老师总是说："叶菲，你先示范一下。"于是，叶菲就大方地走上讲台，捧着视唱本，字正腔圆地唱。老师和同学都喜欢和叶菲聊天，说着说着，叶菲往往会爽朗地笑起来，她的笑声似流水一般光滑而欢畅。

我知道，大家喜欢叶菲，除了因为她开朗的性格，还因为她的美丽。她的头发像鸟羽一样闪亮，两根柔软的辫子黑油油的；她的瞳孔因为蕴含了期望而显得秋水灵灵；她的肌肤像刚刚织造出的白绸，细腻光滑无一丝波痕；她一举手一投足都带着未经修饰的自然与精致。少女叶菲招来不少人的注意，同样引来不少女孩的嫉妒。我也嫉妒过叶菲的优越与美丽，不过这种嫉妒是小家子气的，也是不能与人言说的。我把它悄悄藏在心里，努力寻找着机会和理由来击垮它。

这样一想，我对晓俊多了些理解，生出了几分同情。我想，如果我和晓俊对换，一定也会心灰意冷，一个女孩子最不能容忍的就是别人对自己外貌的诋毁，什么都可以通过自身努力加以改变，唯有人的长相恰恰是难以改变的，这让人感到心寒又无望。

从晓芳的那次恶作剧开始，我反而有意无意地走近了晓俊，并且收起了对她外貌的偏见。美丽也许是少女永恒的追求，即便是丑女孩，同样拥有美丽的权利。我发现，晓俊和别的女孩子一样，对美的追求总像春潮一样热烈、执着。她喜欢别淡紫色的发夹，把头发梳成"小鹿纯子"式，这种发型和她尖尖的脸蛋很相配；她爱穿绛红色的背带裙，脚蹬一双小巧的黑皮鞋，尽管不显眼，但很文气、简洁大方；她笑的时候总是抿着嘴唇，

略显腼腆羞涩，和毫无顾忌放声大笑的女孩相比，竟多了一种宁静的美。

当我第一次用"美"来形容晓俊时，我又惊讶又兴奋，就像发现新大陆一样。

春天来了，万物复苏。有一天，晓俊一进教室便兴冲冲地拉着我往外走，她说要带我去看一片意想不到的景致。走过杜鹃盛开的花坛，走过绿毡似的草地，她把我带到了教学大楼后面的一片土丘上。这儿原是一块被遗弃的荒地，光秃、丑陋，地上散落着被学生们丢弃的废纸和墨水瓶。

我疑惑地看着晓俊，可她依旧一脸兴奋，说："你看！你看！"我顺着她手指的方向望去。果然，在靠近大楼的角落里，一丛金黄的油菜花正热闹地开放着。"真美啊！"晓俊赞叹道。她俯下身去嗅那浓烈的菜花香，表情因着这一片生命的照耀而显得生动，脸上的线条也随之变得柔和起来。我读到了外表之外的少女之美，它是一种漾动的生命气息，简单透明、活泼灵动。

我忽然明白了晓俊为何绕过娇艳的花朵和绿茸茸的草地，偏偏钟情于并不显眼的油菜花——这片荒瘠的土丘，以及土丘上普通却烂漫的油菜花似乎正是晓俊的写照。当我也因着眼前的景致而兴奋的时候，心里藏着的对叶菲隐隐的嫉妒，悄悄地融化了……

以后，和晓俊相处时间久了，自然而然地忽视了她的外貌。她的眼睛还是小小的，鼻子还是翘翘的，嘴巴还是大大的，可这一切已在我的眼里淡化了。渐渐地，我也不再久久地站在镜子前，挑剔自己的眉毛稀疏，或是双眼皮长得不够精致，而是注意自己说话的语气是否温和，举止是否得体，并且常常问自己："我快乐吗？"

再后来，见到书上说"女人，不是因为美丽而可爱，而是因为可爱而美丽"，更是心有戚戚焉。一天，我把这些想法告诉晓俊，她听着，眼里闪着亮光。我说："把晓芳的讥讽扔到一边去，你应该为她的无知感到可惜。"我用一种自以为理智又有见地的话劝慰晓俊。

写到这里，伊莲，我想问你，如何看待漂亮和美。

美和漂亮，是两个层次的概念。美的范畴要比漂亮大，我们说一个人的外表美、外表漂亮，还说一个人的气质美、心灵美，却不习惯说一个人的气质漂亮，心灵漂亮。漂亮，并不意味着美。漂亮是表面化的，是对肉眼的感官刺激；而美是对心灵的触动，更是心灵的外化。漂亮短暂，美长久；漂亮肤浅，美深入。美是漂亮的升华，美比漂亮多了灵气和神韵。比方说，一个女孩子，尽管她未必具有精致的五官、苗条的身段，但是她有着迷人的微笑、亲切得体的言谈举止、纯净的气质，她便被认为是美的。

俗话说，女大十八变。当我们不断充实着"美"的含义时，最动人的变化也在悄悄发生着。时间慷慨地塑造着每一个男孩和女孩，渐渐地，曾经的丑女孩晓俊显现出曼妙的腰肢和玲珑的曲线，她青春洋溢，像新生的豆荚饱满嫩绿。对少女来说，活力和朝气是青春最丰厚的赐予。

然而，人们对"美"的认识，并不是恒定不变的。"美"的定义会随着时间的推移，随着文化环境的不同，而发生一些微妙的变化。

我认识一个叫语焉的女子。她告诉我，在她小时候，曾经悲观地认定，她的长相将要毁掉她的未来。

"我有重新开始的机会吗？"语焉问镜子里的自己。

镜子里是个皮肤黝黑的小姑娘：头发粗黑，在灯光下闪着幽幽的光泽；单眼皮，像涂了一层胶水似的眯着；厚嘴唇，红里带黑，还微微向外翻。语焉清清嗓子，听到的不是柔美的声音，而像小刀从磨砂玻璃上划过。

"还会有人喜欢我吗？"语焉又问镜子里的自己。

一天下午，语嫣做值日生，她拖完地，跑去洗手间冲拖把，刚打开水龙头，把拖把往水池里放，啪，脑袋上落了一块湿漉漉的东西。拿下一看，竟是一块沾满污水的抹布。

门外有人窃笑。"吉卜赛女郎，送你一块头巾！"邻班的男生喊道。那男生细眼阔嘴，顶着稀稀拉拉的黄毛，竟也有嘲笑她的权利？语焉委屈得想哭，愤愤地把水龙头开得老大，水流像旋风一般席卷、冲淋，衣服湿透也没知觉。

语焉再也不愿梳马尾辫，而是把粗黑的头发散在肩上，遮住两颊，她以为这样就可以将自己藏进头发堆里去，谁也看不见她。但是，真的能躲掉吗？调皮的男生围着她唱："吉卜赛！吉卜赛！"他们蹦着跳着，表情夸张，令人作呕。

语焉有一个黑人娃娃，像她一样脸上也有雀斑。之前，语焉要妈妈买它，是因为它的可爱，因为它永远都眉开眼笑，恨不得把你也逗笑。语焉不高兴的时候，就看看它，抱抱它。看着抱着，自己也开心地笑起来。

语焉有时会怀疑自己不是妈妈生的，的确，她的身上找不到半点妈妈遗传的痕迹。妈妈大眼高鼻，小巧嘴唇，四十岁的人，皮肤还像少女一样白皙光滑。语焉问妈妈："我是您生的吗？"妈妈一把搂住她："怎么会不是呢？"亲热的样子，假妈妈一点都学不像。

但是，语焉还是快乐不起来。别的都可以重新来过，只有容貌无法修改，无法重来。从童年到少年，语焉一直生活在丑小鸭的阴影里。她害怕与漂亮女生结伴，因为和她们在一起，更凸显了她的丑陋。语焉觉得，丑陋是她最大的敌人，尽管她学业出色，但不足以弥补丑陋带给她的心理上的伤害。

她从来不曾想到，这个世界会发生如此大的变化。很多年以后，语焉长大成人，她说着流利的英语，担任一家外企的营销主管。一次，和德国客商谈完公事，闲聊时，对方夸赞她是他见到的最美的中国女人。

"美"，这个字，从小到大都与语焉无缘，它好像被冰冻在南极，现在却忽然带着温度跳到她面前，这让她甚至有点不知所措。从那以后，她不断听到别人夸赞她美得有个性。

再次面对镜子里的自己，她疑惑了。那头瀑布般乌黑粗犷的头发，是中国人里少有的；她的黝黑肤色，不知不觉成了时髦的标记；还有她的单眼皮，不知从什么时候开始，变得比双眼皮更稀罕了；她的沙哑的声音也居然成了最酷的嗓音；何况她还有两条长腿和姣好的身段……

语焉找出小时候的照片，对照现在的自己，发现自己一点都没变，变的只是她的心情和对自己的看法。

原来，不是自己变了，而是这个世界变了，人们的审美观变了。每当再听到别人夸赞她美，她都会嫣然一笑，想起小时候那个对着镜子苦恼的小丫头，而且还会想：那时，为什么要受那么多无名的委屈呀？

重新开始的机会，其实是自己给自己的。

伊莲，我们谁都不需要被动地受制于外界对美的评判标准。美是什么？哲学家们也无法说清楚。毕达哥拉斯说美是和谐，黑格尔说美是理念的感性显现，李泽厚说美是自然的人化……

伊莲，世界上原本没有丑女孩。美，归根结底应该来自心灵，是心灵的外化。外表之美昙花一现，只有通过对心灵的修炼才能触摸永久的美。而你唯有抱定了一颗恒定的心，才能拥有恒定的美。✉

No.08

# 孤独是
# 什么

伊莲：

　　你曾经问我，是你这一代人幸福，还是我们这一代人幸福。我说，这是个不容易回答的问题。你疑惑地望着我，不相信我也有难以回答的问题。在你眼中，我几乎是万能的，可以解答你所有的困惑，但是，这一次，我却让你失望了。

　　幸福，是难以比较的，因为它来自每一个个体内心的感觉。幸福，也并不直接和物质上的丰裕关联，看起来，你的成长比我的成长要顺遂和丰饶得多，但正因为这顺遂和丰饶，你几乎无法体会渴求一粒奶香四溢的糖果、一本生动有趣的书是什么滋味，因此，也少掉了渴望已久的平凡愿望得到满足时的惊喜。

　　的确，缺和满会相互转化，没有绝对的缺，也没有绝对的满。但有一样东西，不同时代的人感受是相同的，这就是成长中的孤独。每个人，无论他生于怎样的年代、怎样的环境，他都必须面对一个人的成长——孤独的成长，并且，孤独必将伴随他的一生。

即便少年时的你，身边有父母陪伴；即便日后长大的你，有爱人陪伴……孤独仍伴随一个人的一生。身体上的痛，是你一个人的，没有人能够替代你疼痛；心灵上的痛呢，也是同样的，身边的人可以安慰你，努力帮你化解，但最终，你仍要靠自己的力量治愈自己。

伊莲，处在生命的敏感期的你，首先得懂得如何去面对孤独、化解孤独，其次要学会与孤独和谐共处，并且享受孤独。

其实，我一直想和你讲讲芦苇和她母亲的故事。一对平常的母女，有着平常的烦恼，这烦恼来自各自的孤独。

孤独是什么？

真正的孤独不是一人独处时的寂寞和惆怅，而是身处人群中，或者面对熟悉的人，却无法倾听与表达。这就像一个流落于荒岛的人，远远看见渐近的船只，歇斯底里地呼喊求救，却无济于事。船只渐行渐远，消失在海的尽头，只剩浪涛拍岸……这之后的才是深刻的孤独，侵入骨髓，并伴随着萧瑟的绝望。

当然，伊莲，我并不希望你过早地体味孤独的滋味，但未必说，你一辈子都不可能遭遇这样的经历。只要是精神丰富的成长着的人，往往难逃这样的阶段，重要的是懂得排遣与释放。

那时，芦苇和她的母亲就遇上了这恼人的麻烦。

我和芦苇的认识极富戏剧性。

很多年前，我的长篇幻想小说《纸人》再版，出版社约请我和另外几位作家去上海西区某校和学生座谈。那是一所民办中学，借用的是某进修学院的校舍，校门口挂着好几块牌子，看上去有点不伦不类。校园不大，红砖楼房，也许是刚刚考完试的缘故，里面冷冷清清，透着落寞。

会议室里已坐了好些人，女生居多，男生三三两两地插在其中。看到我们进来，他们依旧说话喧闹，丝毫没有生分的拘谨。座谈开始，惯常的自我介绍，提问，讨论。气氛不算热烈，问题也不痛不痒，不知不觉已到尾声。

这时，却出现了一个小插曲。有一个女生举起手，然后提了个关于人生选择的问题，她的表达并不流畅，主题也不明确，语速仿佛被思考阻塞着，说着说着，她眼睛红了，禁不住地淌泪。看得出，她正被某种压力纠缠着，身处混沌，且难以自拔，但碍于自尊，又无法鲜明地描述她的处境，这使得她的话听起来有点云里雾里，不明所以。

我忍不住细细打量她。她穿一件小红格子衬衫，配一条米色短裤，自然卷的头发在脑后扎成一束，白皙的脸上架一副黑边窄框眼镜，略显忧郁，竟有一股女哲人的气质。也许是出于恻隐之心，在座的每位作家都针对她的问题讲了两句，因为问题不明，那些话也大多没有说在点上。我也说了，大意是当她经历人生更多的事以后，就会发现没有什么沟坎是过不去的，眼前遇上的难题其实未必有想象中那样严峻，不如看淡了它。也是泛泛之谈。

事情就这么过去了。生活又恢复了忙碌单一的状态，偶尔，我的脑海中会飘过那女孩的影像，会停下来想一想她。我在回忆：在她那个年纪，我有没有过相似的苦恼和折磨？苦恼虽有，但不足以深刻到盘桓心灵，挥之不去。又过些时日，我也就将那女孩彻底地忘了。

大约过了半年，我收到了一封信。信封上没有落款，字迹有些天马行空的意思。信件也和信封的风格一致，简单一张白纸，书写无拘无束，短句很多。在信中，她开门见山地说，给我写信这件事想了很久，终于还是决定做这件以前不齿的事情。因为在之前的她看来，给作家写信表达敬慕很是小儿科，所以给我写信在她是破例是意外。但是她真的很喜欢我的《纸人》，发自内心喜欢，况且那天见到我，我的劝慰尤其令她心暖。于是，在她无法排遣孤独的时候，想到了我。

我很容易地记起了她，那个有着哲学家气质的女孩子。信里并没有具体内容，只是抒发情绪，且无落款，我也只能搁在一边。又过几天，转进来一个电话，那头是陌生的女孩子的声音："我给你写过信，现在我就在你单位楼下，可不可以上去看你？"我问："前几天，有个女孩打来电话，说到一半就挂了，是不是你？"那边吞吞吐吐了好一会儿，才说"是"。我又问："我当时问你是不是那个提问的女孩，为什么否认？"那边不置可否，犹豫了一会，说："对不起，我撒了谎。"我实在不忍让那女孩尴尬，便不再追问，请她赶快上来了。

很快，她就出现在我面前，和我印象中的已是判若两人。倒不是她长了个子，抑或变了长相，而是她的发型和打扮。原先的马尾辫不见了，代之以一头寸发，穿着黑色 T 恤和短裤，全然男孩子的模样。待她坐下，我才第一次看清她的脸，很白净，没戴眼镜，但那双无神的眼睛还是透露了她视力的缺陷，鼻梁挺直，人中比较长，笑容有点紧张，说话时不敢与人对视。

　　我很容易地联想到她上回的痛苦处境，问她困难过去了没有，有意没问具体是什么困难。她含糊地说，没事了，已经过去，现在一切还好。尽管她表情轻松，我仍然感觉到她正被无形的难题困扰着。就这么不咸不淡地聊了一会儿，她就起身告辞，说还要去美术馆看展览。我也不再留她。

　　这次交谈使我加深了对她的印象。她是个聪慧不俗的女孩，读书不少，文史哲都懂一些，尤爱艺术，知识面和思考的深度都在同龄女孩之上。我在她那个年纪仍是懵懂无知，被一派美好的理想画面浸润着，而她，要比我那时活得更现实，当然，也更矛盾。

　　她就是芦苇。

　　也许觉出我对她的欣赏，自此芦苇经常成为我办公室的不速之客。即便我不在，桌上也会留下一些她的痕迹，比如一张字迹潦草的便条、几块亲自做的饼干、一只玩具斑点狗……都有创意。有时，她忽然地就吸着奶茶出现在我面前，依然是漫不经心的表情，用漫不经心的口气讲着她的一些困惑和迷茫。

　　我破碎地了解到她的情况，再断断续续地拼接起来，芦苇的背景大致如此：上小学和初中时，她还是个人见人夸的好学生，热爱学习，踌躇满志。中考时却出了意外，掉出重点线老大一截，父母费了很大的劲才让她进了现在这所民办中学。可心高气傲的她实在不能同这里的环境相适应：她不喜欢这里懒散的学风，自己却时常逃学；不满意授课的老师，不认真上课，却徜徉于课外书的海洋；别人选她做了班长，她偏偏弃"官"不做，宁愿当个游离于集体之外的散漫分子；明知父母爱自己，却不能按他们的意愿行事……所有的言行矛盾地集结于她一身，难怪她那么焦灼恍惚。"我的身体里总有两个人在说话。"她说。

我理解她内心的矛盾与冲撞。事实上，每个人都一样，即便成人，身体里都不可能只有一个声音：善与恶，背叛与顺从，饥渴与满足，平静与焦灼……总是时时刻刻相生相克，相依相伴。然而，所有的起点与归宿都取决于我们的选择。我记得《哈里·波特与密室》中魔法学校的校长邓布利多有一段经典之言："决定我们成为什么样人的，不是我们的能力，而是我们的选择。"而困扰芦苇的，恰恰是关于"选择"。她的成熟在于她比别人更早地体悟到选择的重要，但她无法获得左右自己选择的能力，烦恼与痛苦便因此而生。这种无奈，其实是成长期的某种必然，不是她不愿意摆脱，而是做不到。那些纠缠她的情绪、烦恼如同丛生的野草，日日夜夜占据她心灵的地图，没人能替她刈除，唯有靠自己。

我说的所有的道理，芦苇都明白，但那些道理无法切实融入她的血液，被她真切地接受。她必须靠自己的能力来摸索、判断、前行。可是，这需要怎样一个过程呢？未可知，或许短暂，或许漫长。

我无法拒绝这样一个女孩的信任和依赖，我尽着我微薄的力量，但无济于事，她的孤独来自她内心的深处，无处排解。

我没有想到，有一个人，其实比芦苇更痛苦。

有一天，我接到了芦苇母亲的电话，那是一个有教养的懂得节制的中年女性的声音。听得出，她努力控制着自己的情绪，但仍掩饰不住话音的颤抖。她似乎正被某种巨大的力量压迫着，有一种无所适从的张皇。

"我想，只有你能帮我，我千辛万苦才找到你的电话，"她说，"芦苇总是说起你，她那么在乎你……"

我说，不知道能帮着做什么。

"只有你能开导她，劝劝她。她不想去上学了……"

几天后，我见到了芦苇的母亲。她穿紫色羽绒服，肤色苍白，眉头微蹙，忧心忡忡的样子。她说的内容与芦苇对我说的大致相同，但这些话从一个母亲的口中说出来，更令人同情：芦苇曾经出走未遂，上初中时，就揣了钱想出走，结果去外公外婆家告别时给截住了；因为上课老是心不在焉，芦苇主动要求母亲带她去看心理医生，但无济于事；上高中时屡屡逃课，放着课本不念，沉迷于大部头的文史哲类图书，无法自拔；眼看着"挂红灯"越来越多，做母亲的不得已没收了她的电脑和闲书，让她好好温习功课，她却没事人似的，又剃头发又穿耳洞。"芦苇小时候是个特别乖的孩子，很听我的话，不知道为什么现在会这样……"说到这里，芦苇的母亲哭了，有种小孩子式的无助。

伊莲，你体会过父母的无助吗？你能想象孩子对父母所产生的摧毁性打击吗？当你脱离父母的怀抱，跌跌撞撞地走路；当你开始跑和跳，时不时地企图逃离他们的视线，挣得片刻的自由；当你有了自己的主见，开始逆着父母的意愿行事；当你把父母的唠叨视为束缚和包袱……每一次，你带给父母的都是数不清的担心和无休止的焦虑。直到将来某一天，年老的父母不再有能力付出，不得不依赖你的爱时，你会非常怀恋当年父母的唠叨和关切。

那时候，我望着芦苇流泪的母亲，仿佛面对自己的母亲。伊莲，也许只有当你长大了，你才会明白，对爱真正地懂得，也需要经历漫长的过程，它是伴随着长大同时发生的。而芦苇恰恰无法真正体会母亲的爱。

实在不忍心拒绝一位濒临绝望的母亲，我答应了芦苇的母亲，好好和芦苇谈谈。虽然我心里明白，谁都无法更改他人已经选择的道路，至多只能是影响，而不是代替她选择，但是答应了下来，我就必须履行我的承诺，而且还要瞒着芦苇——她母亲曾经来找过我。

我在编辑部附近的元禄寿司店里约了芦苇，她兴高采烈地来了。起初的交谈很是随意，很快就引入了正题。我并没有石破天惊的劝说人的理论，我只能说，为了将来获得最大限度的自由，做自己喜欢的事情，现在必须让自己去做一些不愿意做的事，比如上不喜欢的课、完成不喜欢的功课、参加必不可少的小考大考，然后考上理想的大学。就像一株成长中的树苗，先得由人修剪，按既定的模式生长，将来才可能真正地枝繁叶茂。

芦苇抬起那双细长的眼睛看了我一眼，心悦诚服地说："我明白这道理，我回去想一想。"

那回，芦苇吃得很欢快，吞下了不少个寿司，还吃了一大碗日式牛肉面。

在隔天的电话里，芦苇告诉我，她想通了，好好学习，考上理想的大学。她的梦想是北大的哲学系。为了这个目标，她愿意卧薪尝胆。

我悬着的心稍稍放了下来，可另有一个担忧，芦苇和她母亲的痛苦，其实是来自她们彼此间的难以沟通，随着芦苇年龄的增长，这层屏障越来越厚，直至无法洞穿。这才是问题的症结。我的这次谈话根本治标不治本。

然而，芦苇的母亲却从此没再出现在我眼前。

又过了一段时间，期末考过后，芦苇神出鬼没地出现在我面前。我曾许诺她，如果她考试顺利，请她看达利的画展。芦苇来，无疑是要我兑现诺言的。

"我都过了，没有挂红灯。"她得意地说。

凭我的直觉，她先天资质较高，考六十分的目标实在是志向短浅了些，我很想让她再奋发一下。但是，徜徉在灯光幽暗的展馆里，面对那些流淌的时钟、抽象的人形，我实在说不出

那些教条的话来。我不是专业教育者，但我还是感受到了教育的无力。芦苇对达利的画作侃侃而谈，弄得我倒有些语拙。

走出展馆，眼睛一时无法适应耀眼的光线，我眯着眼睛看见芦苇神清气爽的样子，她刺猬般的短发在太阳底下闪着光，一根根，分明得很。这让我想起童年时常在田野边见到的长着硬刺的苍耳，不伤人，但是倔强而任性。

分手时，她信誓旦旦对我说，下学期，一定好好学习。毕竟，她要上大学。

我信了芦苇。以后，很久没有她的音讯，想必她是生活平静，

但愿她那操心的母亲能就此安心。

又过了几个月，高考临近了。有天晚上，我意外地接到芦苇的电话。她说她正在同学家里，刚才和母亲发生冲突，跑了出来，今晚不回家了。我问冲突因何而起。她说她又挂了几个红灯。我问她为什么不遵守诺言。她说她是想坚持来着，可不知怎么的，念着念着就不想念了。

那时正闹"非典"，外面危机四伏。我问她准备去哪里。她说她当然不可能在同学家久留，也许去找个旅店之类的地方。我劝她打消这个念头，回家去！她在那边苦笑。

眼看劝阻无用，我说："那好，

现在你可以花一个小时考虑是否选择回家，决定全由你。你要明白，你可以不履行对别人许下的诺言，但必须尊重你自己的选择，你不是个小孩子了，你早已过了十六岁！"

我搁下电话，思绪纷乱。芦苇和她的母亲仿佛各自退到世界的两端，互相遥望却无法沟通。到底什么是孤独呢？也许孤独就是别人不愿与你交流，你也不晓得怎样和别人交流，或者你根本不知道想要些什么。孤独的后果有两种，一种是放浪形骸，

WHO AM I?

另一种是在沉默中苦守。

芦苇和她的母亲属于哪一种？

很多年过去了。伊莲，你一定想知道今天的芦苇怎样了。

当年，她没有如愿考上北大哲学系，而是进了一所大专的商务英语系，之后，又专升本。她依然热爱文学和艺术，经过努力，成了一家老牌文学刊物的编辑。目前，她是某高校现当代文学专业的研究生，业余翻译些英美文学。那段母女纷争早已如烟云散去，她和母亲成了好姐妹，她对母亲体贴入微。她知道母亲是最爱她的人，母亲亦是她最爱的人。

那段别扭的孤独时光是青春的必然吗？也许是的。

那些日子，芦苇和母亲经历着共同的成长。

成长，是需要付出代价的。假如芦苇没有与自己、与母亲、与整个世界为敌，她是不是能够拥有更好的现在呢？没有答案。我们所走过的每个脚印，从来没有后悔的余地，也容不得你去后悔。我们的未来，基于走过的每个脚印。如果能如邓布利多校长说的那样，在人生的关键时刻，获得了选择的能力，也就意味着，你在某种意义上，掌控了你的未来。

伊莲，成长的孤独，往往来自纷乱的世界，外界越嘈杂，内心越孤独，我们唯一能把握的是对未来的信心与坚守。你的面前已经铺展开无数条道路，为自己选择属于你的最美好的那一条吧！

No.09

认识另一个自己

## 伊莲：

你了解自己吗？

你一定会付之一笑："怎么会不了解呢？"可是我要说，错，也许一个人一辈子都无法完全了解和看清自己。"我是谁？"这是一个困扰我们一生的哲学命题，即便到了现在，在突发事件面前，我时常被潜藏着的自己吓一跳。

是的，每个人在表象之外，都潜藏着另一个自己。尤其在你这样的年龄，纷乱的世界、纷乱的心绪让你感觉自己仿佛穿了一千件衣服。要如何才能脱下这一千件衣服，看清这些衣服和另一个自己呢？这并不是一件简单的事情，总要经过一些事，总要有一些似曾相识的触动，我们才会在流逝的时间里打捞起自己的影像。

当我远离了少年时代，我才渐渐清晰地看清另一个自己，并且明白内心埋藏的渴望和需求。而身处其中时，让自己纠结、疑惑、郁闷的，往往就是那个无法看清的自己。只不过，那时候，自己无法意识到罢了。

伊莲，我写过一首关于风筝的诗，里面有这样的句子："风筝飞出了窗口，谁又在岁月那头召唤。"我从未玩过风筝，却常常在诗歌里运用这个有些高远又有些空灵的意象。我把风筝写进诗歌的时候，总是在脑海中描绘这样一幅图景：一方澄蓝得能滴出水的天空，一只白色的飘逸的纸鹞，它努力地向上飞，向上飞，几乎要将小小的身体融化在这片旷远里面。这是蛰伏在我内心的向往。

正像没有玩过风筝却依旧心驰神往着风筝的高飞一样，年少时，我的心也如一只停歇在窗口的风筝，倾听风声缠绵，期待着那只牵住绳结的手悄悄地松开，为自己赢来片刻的自由……

在那段躁动不安的日子里，我时常会有无所适从、前景渺茫的感觉，每每这时，一个细小得近乎诡秘的声音就从很远的地方隐隐飘过来："你累不累啊，你累不累啊？"这个声音，又让我感到莫名的心酸和伤怀，真的，那时候我是多么祈盼做一个无拘无束、行为放纵的孩子啊。

小学二年级时，在教室门口那条砌着一排石凳的长廊里，我和另一个男孩站在一起，背靠着灰白的柱子，低埋着头，摆弄着衣角。面前的石凳上摆着一方砚台和一支面目全非浑身乌黑的毛笔。

书法老师说："你是中队长，怎么也不明是非？"她用恨铁不成钢的目光盯住我，她的话凉凉地浸到我心底，让我无地自容，懊恼至极。这一切都源于我在课堂上与那个男孩尝试着往对方脸上涂画，引来哄堂大笑，扰乱了课堂秩序。

书法老师气极了，将我和男孩唤了出去。男孩始终若无其事地用脚在地上画着叉，似乎老师的批评是冲着我来的，与他无干。当我俩被允许回到教室，男孩一如往常地说笑，而我却感到了老师和同学投过来的异样的目光，这令我察觉到自己与男孩有一点点不同。

一个细小的过失发生在我身上便铸成了大错，这一觉醒让尚年幼的我感到深深的悲哀和前所未有的沉重。我不知道这是无意识的还是有意识的，别人的目光总是在界定着自己的行为，而自身又在不断地朝别人的期许靠拢，这一点是我长大后才醒悟到的。

伊莲，当我们来到这个世界，便被纳入了某种规范和体系，会渐渐成长为被期望的那种人。

也许我生来就必须做个乖巧的孩子，必须在既定的框框里为人行事。尽管我生性内向不善言辞，但我又不得不学会在大庭广众之下面不改色地说话，以十二分的爱心与耐心去帮助一个与我同龄的孩子；尽管在课堂上我也会偶尔动念背着老师来一次小小的恶作剧，但又不得不在更多的时候正襟危坐，充当其他孩子的楷模；尽管我有各种各样合理或不合理的欲望，但又不得不努力地压制它们，在外界纷扰的时候控制住自己蠢蠢欲动的心。于是，当赞誉之词涌来，片刻的欢喜之后，总有一丝伤感从心灵深处慢慢地慢慢地浮上来。年幼时，我只模糊地触到它的轮廓，长大后，这丝伤感已化作了真实的束缚清晰地横亘于我的面前。

于是，我时常作这样荒唐的假想，希望自己是个"坏孩子"，松开羁绊，来一场实实在在的心灵旅行。

比如，挑选一个云淡风轻的日子，掏空书包，瞒着老师和父母逃一次学，当然，只逃一次。和同龄的孩子一起，或是独自一人，去附近农村作一次闲散的踏青，也许会在清澈见底的池塘里摸到三两只蝌蚪，也许摘来一串柳叶做成青青的柳哨。

比如，即使只考了六十分，我依旧会轻轻松松地揣着试卷回家去。在妈妈回来之前，在家门口无牵无挂地跳皮筋，把头上的蝴蝶结跳得像万国旗飞舞。然后在适当的时候，把试卷偷偷地从身后抽出来，朝妈妈吐吐舌头，做个鬼脸。

比如，我可以壮大胆子在班主任面前倔头倔脑，或者沉默着低着头，把自己犯的错不知不觉搪塞过去。也许会有很多双鄙夷或疑惑的眼睛注视我，但我不在乎，既不会脸红，也不会抽泣流涕。我在许多道目光的压力下泰然自若地走回座位，以后，也不会因这次的丢丑而耿耿于怀。

再比如，大人们不再当着我的面夸赞我，他们眼里我只是一个普通的孩子，一个不显眼的小姑娘。我不小心做了蠢事，大人会宽容地说："没关系，她还小。"我考了七十分，老师仍会抚摩着我的头说："不错，比上次进步。"我不求上进，人们也会不以为意地说："没什么，她就那样。"

……………

这些不切实际的假想常常令我得到稍稍的宽慰和满足，尤其在被繁重的功课和名次表的压力折腾得气喘吁吁的时候，我总会望见一只白色的飘逸的纸鹞，从心灵的窗口飞出去，飘飘、悠悠，天很蓝、很清，风很柔、很爽……可是，白色的纸鹞再远也飞不出我的视线，再高也挣不脱绳线的牵绊，因为，牵住它的，正是我自己的手。

我不知道自己的心是否被禁锢了，不知道自己的步履是否因追求完美而过于小心翼翼，不知道自己思想的翅膀能否有足够广阔的飞翔天地，只是一直在祈盼着放飞，祈盼着更加旷远的天空原野、更为洒脱自由的人生之旅。

人的内心时常会有做另一个自己的念想。伊莲，你有过吗？

而很多时候，束缚住自己的，却往往还是自己。

我想起了自己和音乐的缘分。

那幅画面长久地定格在我少年时的一个春日——

教室里的光线暗淡，似有一些微尘在空气中浮动，周围的气息冷冷的。斑驳的墙壁裸露出黑黑的阴影，只有黑板上的粉笔字反射出惨白的亮光。这时候，一缕细若游丝的琴声悄悄地浮出，犹如一束明媚的阳光照耀在我们每个孩子的头顶。

我看见音乐老师纤长的手指如鱼儿一般在黑白琴键上灵巧地游动。在阳光里，那手指变成金色的，有着神圣而宁静的美。

我站在第三排靠左的位置上，模仿着音乐老师的口形，和着大家的声音唱一支叫《小白船》的老歌："蓝蓝的天上云朵里，有只小白船，船上有棵桂花树，白兔在游玩……"忽然，琴声戛然而止，音乐老师用手朝我指了指，说："对，是你，张大嘴唱，不要怕。"

琴声又响起来，可我还是听不清自己的声音，我努力在一片合唱声中辨别和寻找——我的歌声细细的怯怯的，总是躲在别人响亮的歌声后面。我真的不会唱歌，真的不会唱歌，这么想着，我的脸慢慢地红起来，红到脖颈，像发烧了一样。

轮到单独唱了。尽管我事先在五线谱旁边小心地标了简谱，可捧着歌本的手却一直抖抖索索，我的声音很不情愿地从嗓子眼里挤出来，那么平淡那么干涩。音乐老师微笑着按了几个琴键提示我，她弹琴的手指泛着淡淡的金色光泽。

噢，我真笨，我诅咒着自己，几乎要哭出来了。

"蝴蝶飞呀……"一群女孩子唱着歌从我身边走过，她们的歌声在人群的缝隙里跳动着，那么有生气，这才是女孩的生活。我试图附和着她们唱："飞呀……"可细弱的声音只停在喉头，却吐不出来。一个初二的女生却不会唱歌，我在心里告诉自己这个残酷而丢人的事实。

相比之下，瑛子是多么让人羡慕啊。初一时，在学校的文艺会演上，瑛子站在台上当着一千多师生的面演唱《月儿弯弯照九州》。那时，她扎着根又粗又黑的辫子，在辫梢上系了朵淡紫色的小花，越发伶俐可人。"月儿弯弯照九州，几家欢乐几家愁……"瑛子把这首老歌演绎得悲悯动人。她的歌声糯糯的，甜甜的，像是放了蜜糖。动听的歌喉会让一个女孩更加美丽可人，我坐在台下自卑地想。

我不记得自己小时候是否放声唱过歌，我只记得自从懂了害羞，我说话的声音便是低低的、怯怯的，更不用说大着胆子唱歌了。我只敢在心里悄悄地唱。常常地，走路或是休息的时候，我会静静地回想一首歌或一段曲子，我脑海里闪现着那些美妙的音符，无声的音乐在我的头脑深处奏响，是那么流畅那么欢腾。

其实，我是多么深爱着音乐！

初二时，学校里成立了乐器兴趣小组，这是一个让每位同学都学会一门乐器的机会。一连几天，班里都在议论这事儿，有的同学还兴冲冲地买来了笛子或手风琴。我兴致勃勃地加入了大家的讨论，并且鼓励好友积极参加。我对瑛子说："你有音乐天赋，一定能行！"可是轮到报名时，我自己却迟疑了，我的乐感不行吧，能学会吗？功课那么忙，会有时间吗？我替自己寻找着逃脱的理由。当大家挤到前面争着报名的时候，我却悄悄缩到了后面。

从那以后，在很多个上完课的下午，当我掩上教室的门准备回家的时候，我都会见到一幅令人心动的风景。在教学楼下的花坛边，瑛子抱着手风琴和几个男生一块坐在台阶上练琴。他们已经会拉一些简单的曲子，他们的手指变得熟练又灵巧。

印象最深的是那一天，阳光特别好，花坛里的一串红开得特别艳，瑛子他们当时演奏的是《让我们荡起双桨》。我趴在护栏上出神地注视着他们。瑛子的身子起伏着，双肩的摆动呈现出一种柔美的弧度，她的眼睛微闭着，像是沉醉了，又像是睡着了。

悠扬的乐声轻轻地拨动着我的心弦，我看见瑛子细长的手指在阳光下痴迷地舞蹈，金色的，就连指甲也泛着莹莹的光。我被深深地触动了。

然而，我却悄悄地移到了走廊的立柱后面，生怕他们看见我。

是一种什么样的心理在作祟呢？我渴望音乐，又逃避音乐，我太轻视自己了——即便意识到内心掩藏的另一个自己，却没有勇气将她"请"出来。

我将永远游离于音乐之外吗？当想到这一点，我惊得浑身战栗。我把自己远远地隔在了欢乐的歌声之外，这似乎成了习惯。后来当我长大一点，总是安静地坐在角落里倾听别人唱歌、弹奏，即使在担任学生会主席帮助别人排练节目的时候，我也没有加入歌唱的队伍中去。有人把卡拉OK话筒硬塞给我，甚至把我推到台中央，我也都是抱歉地笑笑，说："我不会唱歌。"生怕自己生涩的歌声会把对音乐残存的一点幻想也剥夺掉。

这种状况一直持续到我大学毕业参加工作。

在一次儿童文学界聚会上，我尊敬的老作家任大星先生鼓励我说："去唱一支吧。"我像以往那样推脱："我不会。"任先生继续坚持，说："一定可以的，一定唱得好。"任先生是我的忘年交，除了一份尊敬，对他还有一份感念在里面。为了不扫老人家的兴，我勉勉强强接过了话筒，走上舞台。我唱的是当时正流行的歌曲《风中有朵雨做的云》，一支不知在心中默唱了多少次的钟情的曲子。我第一次清晰地听见自己的声音，仿佛在尘封已久后释放出来，怯怯的，但音色和乐感都比想象中的好。唱着唱着，我放松了，声音也响亮了。"风中有朵雨做的云，一朵雨做的云，云的心里全都是雨，滴滴全都是你……"甜润而深情的歌声在大厅里回荡着，我的眼里噙着动情的泪。

走下台的时候，任先生紧握住我的手，说："你唱得好极了！"眼泪盈满眼眶，那块阻滞我心灵多年的磐石就这么被轻轻搬动了吗？伊莲，在那一刻，我突然有了想欢呼的冲动。接下来，有人奏起了理查德·克莱德曼的钢琴曲，曲声柔美迷人。我闭上眼睛，久久地品味着喜悦的心情。那手指，金色的手指又一次在我记忆的琴键上跳动起来。

伊莲，在我们的生命中会有多少那样的金色手指呢？它们会在寂静时弹拨我们敏感的心，撩动我们内心隐秘的向往与渴望。

说到隐秘的向往与渴望，我不禁想起流浪的欲望。伊莲，据说几乎每个人都有过流浪的欲望，只是大多数人无法在现实中实现。

伊莲，你想过去流浪吗？

曾经，我是一个看上去特别安分又安静的女孩，然而，谁都不会想到，流浪犹如一颗春天的种子，经历了岁月的流转和风雨的洗礼，不但在我的心里顽强地存活下来，而且萌芽、长大，直至今天，我抑制不住冲动地说出来："我要去流浪！"

我还记得老家门前那株古老而遒劲的槐树，它如一位肃穆的长者巍然矗立于寂寥的庭院，矗立于我童年的记忆里。每当春风吹起，那白色的筒状的槐花，便如雪片一般飘了一地，我和伙伴们搬了凳子坐在槐花堆里，出了神地看空中坠落的白花，一边痴痴地说着长大的梦。那些长了翅膀的梦连同这些羽毛般轻柔的花，一道被雨水冲刷，埋入深深的地下，成为幼嫩的种子。

"我希望将来有个安定的家，"我揣着一小篮子花说，"还有，让爸爸妈妈外公外婆过上好日子。"

这是我儿时最大的理想了，它亦如一小朵洁白的槐花挂在我心灵的枝上，飘飘、悠悠。

是的，除此之外，那时候的我还能畅想得更远吗？一个从小被包裹在御寒的棉衣里，被厚厚的窗玻璃隔开了风和雪的女孩，还会有冲击风雪的胆量吗？

一个习惯了平和的环境，被生活的糖水浸得甜腻腻的女孩，还会有不甘安宁的憧憬吗？

一个无波无折顺利成长，被所有的老师及同学视作乖乖生的女孩，还会有寻求漂泊冒险的冲动吗？

那时候，我单纯幼稚地构想着将来的生活：有一间带玻璃门的房子，宽敞但不奢华，地毯从台阶上一直延伸到室内，我倚着明净的玻璃门看街边的风景，还有一缕舒缓的音乐在耳边隐隐地飘……

我携着这样的梦读平常的书，过农夫一样有规律的生活。生活中如果没有挑战，一个平常心的孩子怎么会去觅求挑战呢？

这样一颗毫无一丝波澜的平常心，一直持续到我初中毕业那年。

伊莲，如今，我常常不自觉地回忆当年的场景，如同检阅我的曲折的心路历程。我知道，当关乎我一生命运的机遇不期而至，我心灵的成长也就在那一刻开始了。

我生活的地方是一座安宁而富裕的钢城，就读的中学是一所远离城市的子弟学校。那里，每个孩子的视野都是相同的，每天我们在有限的环境里看相同的人和事，听一样的新闻。在那所中学里，我是年级里的佼佼者。

常常地，我倚着教室的窗棂眺望远处的青山和谜一样的白云，想象着山那边的世界是什么样的。想象的空间是无垠的，我羡慕那在空中飘逸的云朵，它们一边慢慢地游走，一边欣赏地上不同的景象。而我呢，我的视野仅限于这一扇绿窗棂的窗户，连窗外鸟儿的鸣叫也是孤单细弱的。

终于有了一个机会。

初三的最后一段日子，班主任向我们宣布了一个令人振奋的消息。记得那时，消瘦而端庄的班主任是站在一束温暖的阳光里说这个消息的，明媚的光映在她的脸上，使她原本慈祥的面庞看去更加柔和。班主任说："初三毕业，你们每个人都有报考上海市四所重点高中的资格，希望大家积极争取，不要放弃。"

优等生的脸上顿时泛起了兴奋的神采，班主任的话像一道光照亮了每个孩子长了翅膀的梦想，也像一粒不安分的石子惊扰了平静的湖面。

然而，伊莲，你或许会觉得不可思议，在这样的十字路口，我却失掉了抉择的勇气，甚至连试一试的欲望也没有。

我惊诧于自己的平静，坐在此起彼伏的议论声中，我感受着自己平静的心跳，只有一个念头浮出来，先去问问父母。

父母的选择与我不谋而合，在一番全面的利弊权衡后，我告诉自己："我将放弃这个机会。"读重点高中意味着远离父母，远离父母则将面临严酷的独立生活。是在父母的精心照料下专心舒适地过三年，还是在思念和孤独交织的痛苦里辛苦地拼搏？前者是那样毫无风险，充满诱惑力。

我用这些雄辩的理由压制心底微弱的冒险的火苗，它们是如此不堪一击，悄悄地熄灭不留一点火星。

我顺利地直升了本校高中部，而我的同学蓉却考上了一所出类拔萃的重点高中。蓉有着娇小的身材和白皙的脸庞，眸子里透着灵气和倔强。蓉背着行囊离开了家，她的背包里载负着一个不可知的未来。

我目送蓉登上远去的列车，目光久久地停留在渐行渐远的列车的尾部，听见班主任在我耳边轻轻地说："其实，你的成绩比蓉更出色。"

我朝班主任若无其事地微笑，心底却掀起了不平静的波澜。

我依旧在这座安稳的钢城安宁地度日学习，依旧做这所学校里的佼佼者，可我却不再像过去一样倚窗远眺，青山和白云依然在，我却平淡了对青山以外的幻想，生怕这样的遐思会将我牵回隐隐的懊悔中去。

时常有关于蓉的音讯传来：蓉很勤奋，从普通班跃入了尖子班；蓉在全市的数理化竞赛中获了大奖；蓉又得了市作文竞赛一等奖……

　　高二那年的暑假，我巧遇了两年未见的蓉。蓉长高了，亭亭玉立的身材，自信而快乐的表情。我端详着她，怀着一丝惊喜。我从蓉的脸上捕捉到了一种陌生的东西：自立自强。这是习惯于父母呵护的孩子所没有的东西，然而它又确是一笔宝贵的人生财富。

　　那晚，我在日记里反省："为安宁的生活沾沾自喜，却将自己关在了更广阔的生活天地的门外。"

　　一年后，高考不期而至。伊莲，你说我会吸取三年前的教训吗？

　　遗憾的是，在真正的人生转折点上，我再一次怯懦地逃避了冒险，而是毫不犹豫地却又是违心地接受了学校的保送名额，去就读一所重点大学的枯燥乏味的专业。

　　生活总是这样，喜欢和一些怯懦者开玩笑。它扮着鬼脸，引诱你上钩，而我又恰恰是经不起引诱的。

　　伊莲，也许是因为生长在一个相对保守的年代，也因为自己视野的狭隘和性格上的软弱，我一次次放弃了冒险，选择在万无一失的轨道上运行。

当我终于在大学里意识到了自己的弱点，我才开始试图凭借自己的能力加努力改变将来的命运，而错失的东西，往往必须付出更大的代价才能加以弥补。

命运是眷顾我的。

在我如愿以偿的时候，突然再一次回想起儿时家门前的那株槐树，以及那些乖小孩才会有的规矩而苍白的梦。我醒悟得或许还不算太晚，那是在经历了一次次碰壁、懊恼和自省后的结果。

我想，流浪并不意味着必须是身体的远行，真正的流浪，应是心灵的自由、心灵的闯荡。

伊莲，从今天起，做自己这颗心的主人，让这颗心拥有放弃和选择的勇气，经得起风霜的洗礼，却依然透明般纯洁；让这颗心饱含着执着而坚定的信念，能清晰地听见未来岁月的召唤。伊莲，请在寂静中深呼吸，你听见自己心灵深处的另一个声音了吗？ ✉

No. 10

# 掌握自己
## 的命运

伊莲：

　　你说，在这个世界上，人和人之间是平等的吗？

　　我曾经拿这个问题询问一些刚上一二年级的小学生。他们用深思的表情告诉我惊人一致的答案：人和人之间是不平等的。他们提供的理由五花八门：有的说，有人生来残疾，和健全人相比当然不平等；有的说，一个孩子如果家庭条件好，就可以受到更好的教育；还有的说，同是小孩子，智商也不一样……

　　这些孩子的回答让我意外。他们小小年纪竟已懂得生活的"残酷"，而这些认知，多半是从大人那里习得的。

　　但是，也偶有几个孩子肯定地回答我：人和人之间是平等的。因为大家同在一片天空下，同是独立的生命，有得到爱和付出爱的权利。

　　伊莲，关于平等的问题，确实没有唯一的答案。认识问题的角度不同，自然会引向不同的认知。

　　有的时候，人们总是习惯了在一个固有的框架里看待事物，那框架，犹如负累，盛放着固有的判断规则和是非尺度，它们往往会在不经意间阻滞你前行的脚步。我们也许从未想过，改变命运的力量，其实正掌握在自己手中。

　　伊莲，这儿我想讲一个潇潇的故事。这个故事，关于"背上的目光"。

　　早早地，潇潇就离开了妈妈的单身宿舍。清凉的空气里游动着薄雾，小路上行人寥寥，不用担心会碰上熟人，潇潇在心里暗自庆幸。

　　自从爸爸和妈妈分开后，潇潇的心就像被锁住了似的，如今，离婚早已不稀奇了，可不知为什么，潇潇还是那样在乎，每回从妈妈那里出来，总是嗅到空气里那一点惨淡凄苦的味道，心底便会有一丝灰暗潜上来。

　　离上课的时间还早，潇潇慢慢地挪动步子，让时间缓缓地、缓缓地从身边滑边。她是个平平常常的女孩，从小就是这样。妈妈说："你呀，怎么总是没精打采的样子，一点不求上进，我在你这个年纪可不是这样的。"潇潇不作声，心却忽地沉下去，她背过身去，泪水立刻模糊了双眼，心里潮水般地往外溢酸酸的东西。委屈呀。

伊莲，是有这样一类女孩，总是像淡淡的影子沉默地隐在人群里，她们往往相貌平常、性格素淡、毫不张扬，可她们脆薄的心却像风里抖瑟的叶子，敏感、多愁。

潇潇沿着法国梧桐遮天的街道走，地上铺着彩砖，鞋跟与路面相碰时发出好听的脆响，潇潇侧脸朝路边看，看每一个走过来走过去的人。

远远的，有一个人朝这边小跑过来。十一月了，树叶已经泛黄，可他还穿着运动背心和短裤，鲜红的，露出健壮的四肢。跑近了，潇潇看清了他衣角白色的洗标，甚至还依稀听见他喘气的声音，呼呼的，坚定而有力。还有，他头顶冒出的热气掺杂着汗水，在清凉的空气里蒸腾。

不由自主地，潇潇的视线就停在了他的身上，只有一瞬。

她看到了他的眼睛，那双黑夜一样安静、晨光一样清澈的眸子。他也正看她，似乎是不经意的，也许，他只是注视她身后的某处，却无意地将她掠入了视线。

只有一瞬，这一瞬却无限漫长。

潇潇感觉到他带过的轻风，连同他鼓点似的脚步声，消失在晚秋的早晨，这才猛然想起，这个人曾经多少次在校园里与她擦肩而过。她不清楚他的名字，但她知道，他上课的教室刚巧在他们班的楼上，每天都从天花板那儿传来跺脚的声音，不晓得那个不安分的人是不是他？

想到这里，潇潇笑了。

果然，当天上午就在走廊里遇见了他。那时，潇潇正被好友搂着开玩笑，见他从楼梯上跑下来，她马上低下头，脸却不争气地莫名其妙地涨红了。他穿着蓝色运动鞋的脚从她眼皮底下一闪而过。直觉告诉她，他回头看了她一眼，那目光轻轻摸了一下她的背脊，并且停留了一会儿。

她确信他回头看了她，千真万确。

潇潇第一次知道，原来目光也是有重量和温度的，有针刺的感觉，还有水波流动的声音。

伊莲，你体会过目光的重量和温度吗？

和潇潇相比，你是幸福和幸运的，至少，你时常是家人目光的焦点。而很少体会目光的重量与温度的潇潇，却在那一刻有了全然不同的领悟。

"我不漂亮，不出众，像一枚青涩的不起眼的果子，可是，他真的看我了，为什么呢？"潇潇问自己。

　　人的情绪有时真是捉摸不透。有一次，她妈妈笑着笑着，忽然就泪流满面，把潇潇吓坏了。伊莲，人心就是这样被无数层说不清的东西包裹着，连自己也看不清自己。

　　这个黄昏，潇潇不由得在妈妈的屋子里高声地唱张惠妹的《我可以抱你吗》，唱着唱着，心里就涌满了暖暖的柔情和感动。妈妈奇怪地看她，不明白女儿怎么会忽然地兴奋起来。

　　此后的早晨，潇潇都一大早从家里走出去，隔三岔五地，都会在茂盛的梧桐树下与晨练的他相遇，从来都没有说过一句话。在目光迎视的一刹那，潇潇都会感觉有一个新的自我从心底站起来。

　　潇潇一点都没有奢望，真的，她只是觉得，在人群里，倘若有人注视平凡的你，那是一种不寻常的幸福。潇潇始终不明白自己什么地方值得别人注意，却悄悄地体会到了自己的变化。

　　伊莲，打量一下镜子前的自己吧，你会发现一些个细微不同的你：忧郁自卑的你，连眼睛也黯然无光；自信快乐的你，即便不漂亮，也会有一股活力从每个毛孔里释放出来，让你神采飞扬、与众不同……

潇潇沉浸在自己细微的变化里，悄悄幸福着。

其实，生活和平常没什么两样，还是常常在路上遇见他，常常在校园里与他擦肩而过，他只是默默地看她一眼，甚至连微笑也没有，但对潇潇来说，这已经足够了。

"在目光里幸福地舞蹈，沐浴着银色的雨……"潇潇在日记里写道。

夏天来临的时候，他毕业了。他，连同他的目光，一起消失在潇潇的生活里。暑假里，潇潇突然地很落寞，有两天，她特意早起，沿着上学的路又走了一遍，可惜，没有遇见他。于是，潇潇便有一些惆怅，夹杂着后悔，连他的名字都没来得及打听一下，怎么就消失了呢？

再后来，开学了。潇潇所在班级换了新教室，正是他待过的地方！开学第一天，潇潇走进教室，忽然有了异样熟稔的感觉，她并不知道他原先的座位在哪儿，但她分明感到他目光流过的痕迹。潇潇坐在新的座位上，仿佛浸润在他的目光里，然后，她抬起头，自信地迎视老师的眼睛。

伊莲，听说过小红帽的故事吗？它远远地飞翔在空中，落到谁的头上，谁就会成为世界上最快乐最幸福的人。童话虽然虚幻，但并不遥远，那顶小红帽其实就一直戴在你自己的头上，那个改变你的人一直就住在你的心里。

不幸的是，很多人恐怕一辈子都等不到那顶小红帽，更无法意识到，掌握自己命运的，恰恰就是自己；而让自己不幸的，也正是内心那个自怨自艾的自己。

海惠是我童年时的朋友。她从小生活在破碎家庭的阴影中，性格执拗而孤僻，有过一次自杀、一次离家出走的经历。她的心灵是一株风雨中带刺的玫瑰，孱弱却敏感。

海惠有一头乌黑柔顺的长发，眼睛像黑夜的精灵，很美。但海惠却憎恶自己的长相，因为她长得像极了弃家而去的母亲。她可怜自己，却不善待自己；她拒绝别人的帮助，更不会主动对别人伸出双手；她和父亲、兄弟争吵，然后痛哭。

求学对她来说，是另一种煎熬。聪明的她功课却始终很差，她很想融入宽松的学校生活，却无法专心。她仿佛注定要成为畸形家庭的牺牲品。

老师找来海惠当工程师的父亲交谈，认为海惠有难以克服的心理障碍，如果不及时纠正，会毁了她的一辈子。

那时候，很少有人提及"心理障碍"。对女儿心存愧疚的父

亲深知女儿的问题来自特殊的家庭背景，为了让女儿重拾快乐，他决心要为女儿重新开启一扇生命之窗。

伊莲，如今回头看，那段青春对海惠来说，充满难堪的挣扎和起伏的情绪，跨出的每一步都充满难以摆脱的旋涡。

海惠的父亲尝试着和有些陌生的女儿沟通，但这样的沟通艰难而阻塞。小小年纪的海惠似乎早已承受了超乎年龄的挫折和风霜，她心情灰暗，总觉"己不如人"。

海惠自然没有考上大学，但她还是像其他女子那样恋爱、结婚了。结婚一年后，海惠生下了自己的女儿。家人担心着性情孤僻的海惠能否给女儿一个灿烂的生活，当了母亲的海惠心里却起了微妙的变化。她伏在女儿身边，看自己的孩子吃奶、咂嘴、对着她笑，她的内心仿佛经历了一次圣洁的洗礼。

她告诉我，就在那一刻，她发誓要给女儿一个良好的生活环境，也开始反省自己之前的生活态度，思索着要为孩子和自己铺就一条幸福的路。

曾经好多次，她不知道自己该从何改变，但她毕竟有了信心，因为她不再是为自己一个人活着。

海惠试着抛弃以往的桎梏，以比较理智又乐观的方式处理事情。伊莲，这真的很神奇，你可以尝试一下，当你想让自己快乐的时候，你会发现快乐就在身边，触手可及。

在和父亲的一次谈话中，海惠抱着自己的女儿说："我要过自己的日子，不管别人怎么说，我有信心好好走下去。"

如此艰难的尝试，海惠用了十多年才从阴影里走出来。那些晦涩的日子在她记忆的收藏夹里，曾经如磐石般奠定了她一生的基调，但最后能有力量撬动这磐石的，唯有海惠自己。

伊莲，到底谁才是你生命的主宰？谁又在决定你对自我的认同？你会以为是你自己，然而，一旦发觉原来是人格裹挟了主观判断操纵了一切时，你是否会无所适从？

伊莲，青春期正是人格养成的关键时期，尽力让自己拥有健康阳光的人格，这意味着未来之路上将会少掉很多挡路的荆棘和藩篱。

伊莲，敞开自己的心扉，去接纳所有的阳光雨露。在你这个年龄，不该有成见，尤其是对自己的成见。假如有一天，你成长为一名成熟的女性，你依然有可能突然发现自己既定的价值判断里糟粕遍地，而抛弃固有的包袱，一定会有豁然开朗的欣喜。这样的尝试并不是人人做得到，做得到的，方可做自己生命的主人。

当然，生命中的每分每秒都深具意义。那句"少小不努力，老大徒伤悲"的训诫，在你们听来已经毫无新意了，伊莲，或许我们可以从另一种角度去看待生活中存在的玄机。

我相信，冥冥中，始终存在一股神秘微妙的力量，紧紧环扣住你的过去、现在和未来。这种力量，每分每秒在每个人的身边发挥着作用。换句话说，过去、现在和未来互为因果，一个看似细小的动作都有可能对未来产生巨大的影响。

蕾身上发生的故事，或许能很好地解释这种冥冥中发生的平凡和奇迹。

我记得，那天夜晚的亚龙湾海滩煽情而迷离，没有星光，海浪细声低语，远处流浪歌手忧郁的歌声随风而送。四周无人，椰林婆娑。走在我身边的是蕾。这一晚，她显得尤其多思，的确，这样的情景是很容易让人心生感慨的。黑暗已将天空占据，却点亮了人的记忆。

蕾刚刚从那个闭塞的小镇走出来，在大都市谋到了一份优厚的职业，做一本时尚刊物的记者。这次，她是和我一起来海南参加新闻发布会的。

"这么多年，我几乎每时每刻都在为改变命运做准备。"蕾朝海的尽头望去，她的脸在月光下泛着玉石般的光泽，她的心仿佛与海浪合流，涌向思绪的源头。

我和蕾早已认识的。若干年前，我去那个小镇的文化馆组稿，蕾在那里编着一份小小的内部刊物。那时的蕾长辫盘头，目光灵动。我和他们的主编说着话，蕾在一边静静地埋头看稿，心无旁骛的样子。临走时，蕾意外地追我到楼下，递给我一叠稿子，说要我看看。她的文字带着浓浓的脂粉气，有一点怀旧和忧郁，我想起她说过喜欢作家苏童，写下的文字分明也是有着苏童味儿的。

有一晚，她来我的住处，坐在床边，说了很多。她说她只读过技校，现在正在念夜大。按常理说，像她这样的学历能做文字工作已属不易，可我还是从她的话里听出了别的打算，只是她没有明说罢了。

回去后，我编发了蕾的一篇短文，题目叫《中装难过》，写的是关于着装的一些心情。蕾在电话里关照，稿费不要寄到单位，怕生出误会。我听懂了蕾的话外音，像她这样有些不安分的人，在那个小镇上无疑属另类。那是我编发的蕾的唯一一篇文章，以后有很长一段时间，都未通音讯。

过了一年，我接到蕾的电话。蕾在电话里自报姓名的方式很特别，每回总在自己的名字后面，加个"呀"。"我是蕾呀，"

她说，"我已经在上海了，在一家公司做文秘。"蕾说的那家公司是家著名的房地产公司。

我惊异于蕾的变化，很快又视若平常。这种变化发生在蕾的身上，有点理所当然的意思。

我和蕾在淮海路上的一家餐厅见了一面。那次见蕾，她已换了发型，长发垂肩，装束和旁边走过的上海女子无甚两样。我心知并没有为蕾做过什么，觉得她并没有请客的理由，倒是我应该尽地主之谊才是。蕾却一再坚持地买了单。

那次见面，我从蕾的眼神里虚虚实实地窥伺到她的心思。我知道，她还在酝酿着另一种变化，只是没有言表罢了。

果然，过了数月，她打来电话，与我商量，是去某时尚杂志社当记者还是去一家更大的公司继续做文秘。我建议她选择前者，因为她更适合那种有创造性的工作。她说她同意我的建议。不久，我便收到她寄来的杂志，里面有署她名字的大块文章，编辑队伍里也排着她的名字。

再以后，我就经常在各种媒体活动中遇见蕾。

看上去，蕾活得很自在洒脱，整个状态和在小镇上初见时已截然不同。那时多少是有些拘谨，现在却是一副如鱼得水的样子。此刻,我和蕾并肩走在沙滩上,我们的脚印是同步的,然而,我依然在原来的状态,蕾却已经穿越了几个阶段。

"人生的每个阶段,我都有目标。几年前,你见到我的时候,我已经打算着念完夜大就离开那里,到真正属于我的地方去,但是要改变必须做足准备,要有了资本才行,所以我一直在积累,伺机而动。"沉吟片刻,蕾又说:"那篇《中装难过》起了很大作用,在你们这样的大刊物发表文章也是我重要的积累之一,所以我一直很感激你。生活中的每分每秒都有意义,假如那天我没有跑下楼来叫住你……"

漂泊的风伴着浪一起涌来,在这个甜美的夜晚,蕾的话仿佛暗藏玄机。

伊莲,我并不敢接受蕾的感激,只是在用心咀嚼蕾的话。伊莲,你可曾用心珍惜过生活中的分分秒秒,每一次的机遇,每一次的努力?我细细品味蕾的变化,才发现,蕾的生活中其实并没有多少意外,因为每件事都似乎环环相扣,每件事的发生都深具意义。

伊莲,我们只能相信,命运是可以改变的,掌握这股神奇力量的,不是上帝,不是他人,正是我们内心的自己。✉

No. 11

最重要
的人

## 伊莲：

你可曾想过，人的一生，有多少人可称作亲爱的人？

小时是父母、家人，大时便是恋人、爱人。小时，因为不能自立，是那样的依赖家人；大时，依赖的重心转移了，反而会抱怨父母的唠叨以及对自己过分的关注。

人总是不珍惜已经拥有的东西，认为父母的爱永不会失去。但是，父母真的可以呵护你一生吗？

夏天的时候，我意外地和小学时的同学联系上了。大家张罗着搞一次小型聚会，参加者不过五六人，都是十多年没见了。小时，觉得时间尤其漫长，巴巴地等着自己小学毕业、中学毕业，然后再上大学，那些日子像夕阳下的影子，被拖得长长的，仿佛望不到尽头。二十岁以后才知道，什么叫光阴飞逝如电，什么叫弹指一挥间。就这么转瞬之间，十多年过去了。

眼前的脸好像变了魔术，明明是那个人，细看，却不像了，再看，又像了。熟悉的神情还留在眉眼间，一皱眉，一眨眼，还有童年时的影子。阿正已经有了小小的肚腩，阿蛟的额头居然爬上了细微的皱纹，原本瘦弱的小青已然显出了少妇的风韵。只有小宁，倒是变化不大，甚至比以前苗条，只是神情里略带风霜。

一壶飘香的菊花茶，几份闲食，大家相对而坐，中间隔着流逝的时间。变化的是容颜，不变的是记忆。共同的记忆是无形的纽带，只需那么一两句，就把生疏感轻易稀释了。

所有的人都笑阿正小时是如何胆小如鼠：有一次，班长喊"起立"，调皮的后桌把阿正的椅子悄悄撤去，就待他坐下摔个大跟头。坐下时，阿正警觉，却不敢报告老师，于是整整半蹲了一节课，老师居然没发觉。而如今的阿正，开了一家咨询公司，说起话来头头是道，在商场上很有胆略和见识。说起小时候那件轶事，谁还能相信呢？

还有小青，母亲三令五申，不许她看闲书，她却被琼瑶金庸迷得神魂颠倒，走路看，吃饭看，熬夜看。母亲虽严厉，但小青上有政策下有对策，找来课本封面，包在闲书上，以假乱真。有好几次上课，错把闲书当课本，出尽了洋相。

............

　　那时，我们对彼此的父母也熟悉，知道谁家的父亲手巧，谁家的母亲美丽高雅；还知道谁家母亲做的赤豆羹特别可口，谁家里养了一只凶悍的猫。这次再见时自然要问到各自的父母，不想，却引来了突然的沉闷。

　　问的人话刚出口，便后悔了。因为大家隐约耳闻阿蛟父母的变故。阿蛟的母亲是一位要强的医生，阿蛟承继母亲的事业，攻读的也是医学。他念大二那年，母亲罹患癌症，一年后便告别人世了。少年丧母，阿蛟的悲伤我们都能想见，可更难料的不幸还在后面。母亲去世一年后，父亲来上海看望还在念大学的阿蛟。母亲不在了，父子间似乎情愫更深，更有相依为命的感觉。几天以后，父亲便要返家。因父亲是和同事同行，阿蛟没有去为父亲送行。虽有分别的怅惘，但阿蛟还是埋在心底，一切如常。

　　傍晚时分，阿蛟估计父亲已经到家，便给家里去电，但只闻长而空旷的铃声，无人接听。当时，他心中略感不祥，就这么焦灼而忐忑地等待，电话不知拨了多少个，结果却是一个，父亲迟迟没有回家。

直到天黑，他才接到叔叔的电话。在阿蛟的记忆里，这是他听到的最恐怖的声音，话筒里仿佛藏了刀，直戳他的心脏。叔叔告诉他，父亲去世了。

世界上难道有比这更不可信的消息吗？阿蛟说，叔叔，玩笑怎能这么开。他分明记得送父亲到路口的情形，父亲的气色很好，情绪也高。上海很少有那样湛蓝的天，没有云，空气清新无比。他看着父亲挺拔的背影消失在法国梧桐的树影里。

叔叔说，是真的。话音里已哽咽不止。

阿蛟听闻了叔叔的哭声，才信这是真的。父亲没有走出上海，就已停止了呼吸，永远地离开了这个世界，离开了他亲爱的儿子。他想搭乘公交车去长途车站，车来了，很多人追着车门走，有人背着大包小包在他身边推推搡搡，不知是谁，猛地撞了他，他被绊倒，头部重重地摔在车门上。

他倒在地上，竟没有再醒来，没有留下一句话，甚至一声呻吟！

短短几秒，生死相隔。阿蛟的父亲是一米八的大个子呀，如此健壮的生命，竟是如此脆弱。

伊莲，涉世未深的你想象过生命的脆弱和世事无常吗？即便听说过，也总觉得那些事情离自己很遥远，不可能发生在自己身上。

在我们重逢时，阿蛟没有心情复述那段伤心往事，只是说了句："我想跟父亲说什么，都来不及了呀！"

连丧考妣，还有比这更大的不幸吗？

当最亲爱的人在你身边的时候，你可曾用心感受过与他们共度的分分秒秒呢？是不是也曾厌烦过亲人的唠叨和拖沓呢？是不是也曾在心情不好的时候，对亲人恶声恶气、恶语相向呢？

但现在，阿蛟说："我想跟父亲说什么，都来不及了呀！"

话题就这样不知不觉转向大家的父母。一聊，类似遭遇的，竟不止阿蛟一个。某某的父亲已经病故，某某的母亲也去世了……我甚至还记得他们牵着小孩的手来学校的情形。原以为，失去双亲多是中年以后的事，怎么早早来到了呢？听着这些暗淡的消息，大家唏嘘不已。

小时，我们只等着来自父母的关照与呵护；大了，不再需要父母遮风挡雨了，于是竭力想摆脱他们的管束，一心追求自由，没有心思更没有精力为父母着想，而且从来不担心大人的爱会忽然失去。但这一天总要来，或迟或早。如果它来得早，我们自己也许还没有真正长大。

我们拿什么来承受这一切？拿什么来安慰自己猝不及防的心？

伊莲，我不知道跟你说这些，是否过于沉重了。我只知道，在我少年时，假若有人这样提醒我，我会百倍珍惜和父母在一起的时光，不再嫌他们唠叨，不再嫌他们保守，不再嫌他们严厉，不再嫌他们约束我的自由……因为，拥有是暂时，失去是永远；因为，在这个世界上，亲爱的人是那么少、那么少。

伊莲，随着年龄渐长，我还越来越体会到一种"时间之伤"，它令人感到无奈、无助和欲哭无泪的悲哀。

你听过沙漏的声音吗？我从未听过，但我知道，它一直在漏，一直在漏，犹如蚕食桑叶，沙沙，沙沙。这好像幼芽钻出泥土时发出的一声轻微的欢呼，又好像枯叶从枝头坠落，那忧郁而充满眷恋的叹息……

沙漏的声音，便是时间流逝的声音。

人的一生是怎样的呢？恰如一首交响乐，经历序曲、缓板、快板、高潮，最终都要走向落幕。

当我出生时，她已年老。

我从未见过她年轻的模样，但我目睹了她漫长的年老的过程。从精神矍铄的老年初期，慢慢变得茫然、迟滞、退缩，最后几乎要变成她自己的影子。她的日子被无限地拉长，内容却空无一物，于是，她所有的日子都浓缩成一个字：等。

她不再能主动地寻求什么，只能等。等待一顿可口的饭菜，等待一包松软的点心，等待早晨出门的家人早点返家，等待我——她最疼爱的外孙女将她干枯的手捧在掌心里，用我的体温暖暖她。

她慢慢退回成一个小孩子，常常忘了年龄，又常常被自己很老很老的岁数吓一跳；她越来越思念早已逝去的曾外祖母，独自一人时，她轻唤："妈妈，你在哪里呢？"我这才知道，她的生命已变得如孩童一般简单而清澈，不需要掩藏伪装，她可以无所顾忌地表达欢喜和怨艾，而你也能轻易地通过抚触与微笑达成她的愿望。

她是我的外婆。她将近百岁了。

伊莲，接下来，我要讲述的是三个和外婆有关的生活片段。

## （一）细雪飞舞

我说："快把裤子脱下来！"

她无助地望着我："脱下来……会冷啊。"

母亲在一边道："快脱吧。"

母女俩都有些烦躁，恨不得闭上眼睛，恨不得眼前的场景早点结束。九十五岁的外婆，从厕所出来，小心翼翼地要求她的女儿和外孙女看看她的内裤，上面是不是粘了大便。

母亲道："你自己不能看看啊？"

她惶然地站着，不晓得听见没有。

她开始抖抖索索地解裤带，外面一层灰色罩裤，里面一层蓝色呢绒棉裤，再里面是薄绒线裤、雪花红底的棉毛裤，最后才露出浅蓝色的棉三角内裤。

内裤上果真有浅棕色稀薄的屎印。

"有吗？"她仍旧小心翼翼地问道。

"有！"我大声说，"换条内裤吧。"和她对话需要简洁，句子一旦长了，她往往无法听清你的意思。

裤子一层层脱下来，罩裤、棉裤、绒线裤、棉毛裤，我帮她拉住裤脚，用力一拽，一大蓬雪花样的皮屑在房间里漫天飞舞。

那干燥的"细雪"像是被风吹起，落在地板上、沙发上、茶几上，也落在我刚刚洗好还没来得及吹干的头发上，余下的一些，仍旧缓缓地在空中飘。

我惊叫一声，后退一小步，赶紧去拿扫帚。"细雪"半粘在地上，很难清扫，只几下，就积起一小堆。

浴室里，母亲倒温水给她擦洗身体。她喃喃道："从来没有这样过。"但我和母亲都知道，她这个样子早已不是第一次了。为了节省，她甚至不舍得多用一点手纸，内裤上时常弄上一星半点的屎。

可我和母亲一天都没绝望过，总想唤醒她尚未消失的"潜能"。

母亲把换下的内裤泡在温水里，拿到洗衣间去。

外婆换好了内裤，花了很长很长时间，才重新穿上棉毛裤、绒线裤、棉裤和罩裤。"我自己会洗的哦。"她一边说一边慢慢走去洗衣间。

她果真搓洗得很干净，年轻时练就的基本功一点没有忘记。我帮她绞干，晾好。

她却没有跟着我出来，心事重重地在旁边的藤椅上坐下，

沉默良久。

半晌，听到她叫我。

"我有话跟你说。"她仍旧心事重重的样子。

"说什么呀？"

"不要告诉你爸哦。"

我无奈地笑了。"你这样不是第一次，爸早知道。"但我知道，她根本听不清我说了什么。


## （二）孤漠

"我要先睡了。"

她说了一声，轻轻阖上自己的房门，把客厅的电视声关在外面。这个时候，一般不到晚上七点半。她的卧房朝北，不大，有她用了一辈子的红木大床，床头柜上的饼干筒里有没牙的嘴尚能咀嚼的法式小面包、旺仔小馒头。半夜醒来，她常常肚饿，就用它们来打发饥饿与寂寞。

我目送她走进房间，仿佛看见她走入深不可测的黑色巷道，一个人，缓缓摸索，寻找明亮的出口，直到曙光来临。她的长夜自然是辗转难眠的。人如果活得很老很老，她残存的活力会慢慢消失，直到不能听、不能睡、不能吃、不能动、不能想……你目睹那个过程，从心痛不忍、难于接受到理所当然、偶尔心中泛起酸楚。

夜对她来说真的是长。一觉醒来，往往子夜刚过，她却并不知晓几时几分。她趿拉着拖鞋，在各个房间走动，厨房、浴室、阳台……她按动墙壁上的开关，啪嗒，啪嗒，一下，又一下。偶尔，她借着射进屋内的月光爬上楼梯，来到我的卧室门前，轻轻转动门锁。这些声音或许细微，但在夜的衬托下，却异常清晰。常常地，就惊起了梦中人。我打开门，她站在门口，茫然无措地问一句："你爸妈他们呢？"有时，就只是沉默地看你一眼，转身，慢慢下楼去。她用双手死死抓住扶手，抓得很紧，只听见她松弛的皮肤与扶手间摩擦的声音，吱——吱——

终于是白天了。

她安静地站在窗口，或是坐在阳台上眺望远处。说"眺望"也许太奢侈，我们居住的地方已经少有眺望的空间。她的双眼穿过楼与楼的夹缝，望向远处的马路，上面有车来车往。

"往东去的车子比往西去的车子多。"她像是自言自语，又像是对我说。

望累了，她低下头，微闭眼睛，进入她白天的梦境。我想象她的梦，却全然无所得。那里，大概也是一片孤漠吧。

## （三）开船

开船！

我从后面拦腰将外婆环抱住，起劲地却又极小心地推她朝前走。她穿了厚厚的棉衣，从上到下一样粗。我仿佛抱了一个枕头，又安心又熨帖。

她呵呵地笑起来。"小心，小心跌倒！"嘴里幸福地提醒着。

借了我的力，她挪动一双缠过足的脚，果真轻快了许多，步履也有了节奏。

"小心，小心，要跌倒了！"她笑着，步子又快了一些。

小时候，我也是这样跟在她后面跑吧。她来火车站接我，提了我的行李袋，拼命挤上拥挤不堪的公交车，把我护在干瘪的胸前。

她那时就已经是个老太太了，却还是步履矫健。我跟在她身后，害羞地低着头，在邻居们的目光里走进弄堂深处。我恨不得快点逃离那些目光。

"外孙女来啦。"邻居阿婆道。

"来了！"她快活地答，声音又脆又亮。

我跟在她身后，在淡金色的余晖里，望着她年老却依然轻捷的背影：她的身体微微前倾，仿佛要努力去接近一个目标；宽松的黑色绸裤被穿堂风吹得瑟瑟抖动；她的手臂好长的，而且有力，手中的行李似乎并没有拖累她的脚步。我需要小跑才跟得上她……

开船！

我从后面箍住外婆，轻轻推着她往前走。

她其实还不需要我推，能自个儿走。只是，站起时，身体要打晃儿，好像一株根基松动的老树。她需要镇定片刻，似乎在思考该迈左脚还是右脚，方能郑重地移出一小步。走一段路、下一次楼、上一趟厕所、吃一顿米饭……在年轻人眼里理所当然的平常事，在她，都渐渐成了一件件大事。

"给我系一下丝巾……"

每天晨起，她都拿着那条黑底绿花的丝巾走到我或者母亲跟前。我或者母亲就会将那条丝巾在她脖子上绕上几圈，系上一个松松的蝴蝶结。

"帮我解一下丝巾，我解不了上面的结……"

每天睡前，她都像个孩子一样，好像想起了重大的事儿，从她的房间起身出来，走到我或者母亲跟前。我或者母亲就会不厌其烦地帮她解那个并不难解的结。

她享受着这个过程，享受女儿或者外孙女的手在她的颈间缠绕，那片刻含蓄的亲昵，那似有似无的搂抱……

她不知道，其实，我也好喜欢在后面抱住她，轻轻推着她走。

开船！

我看不见她皱缩的脸，看不见她混浊的眼睛，只听见她的笑："要跌，要跌倒了哟！"


伊莲，我把外婆的故事和你分享，你是否会觉得突兀与遥远？是的，假如身边没有一个很老很老的人，往往很难理解这些事情。但是，每个人都将老去。我们可以改变很多事情，唯有年老的进程无法改变。

无法挽留的时间，不能更改的年老……

幸好，这个过程是未知的，而且没有期限。

伊莲，我希望你有时能驻足于这个令你感到惊叹的世界，体会亲情带来的感觉，它似棉絮般轻，又如巨石般重，裹着你脆弱的心，又让浮躁的你多了些沉静的力量。只有你慢慢体会，咀嚼与他们相处的分分秒秒，才会真正懂得谁是你生命中最重要的人。

只要你想，随时都可以重新开始。相信我。✉

No. 12

修炼
自身

## 伊莲：

你尝过嫉妒的滋味吗？

很多年前，我站在一年级教室外的走廊里，扶着那根被画上许多潦草小人的柱子，出神地看着海蓉亲热地牵着小培的手远去。她们的小脑袋紧紧地挨着，小小的背影看上去很和谐很默契。我偷偷地瞧着她们，心里慢慢地滋生出一种酸酸涩涩的东西，盼望她们突然地撒开手去，离得远远的。

这是我第一次体验什么叫嫉妒。

其实，嫉妒的心理是与生俱来的。写过《堂吉诃德》的西班牙作家塞万提斯这样描述嫉妒，嫉妒者总是用望远镜观察一切。在这个望远镜中，小物体变大，矮子变成巨人，疑点变为事实。

一颗心，若被嫉妒占据，犹如被搁在铁板上炙烤，焦虑难耐。当然，嫉妒有着层次上的深浅。我第一次嫉妒，源于内心的孤独和对友谊的渴望。

　　海蓉曾经是我最要好的伙伴，从第一天相识起我们就成了形影不离的朋友。我喜欢海蓉却不希望别的孩子也像我一样喜欢她。那一刻，我就那么悄悄地躲在柱子后面，心怀妒意地目睹她和别的小朋友手牵手地玩耍，心中涌动着愤愤不平的情绪。我冲动地转身跑回了教室，从草稿本上撕下一页，重重地在上面写下一行铅笔字："海蓉，你要是再和小培在一起，你会后 huǐ 的！"语气很坚定，掺和了一点点赌气的火药味。

　　但我并没有勇气把纸条塞给海蓉，只是把它揣在了口袋里。我只能假装平和地注视着海蓉和小培满脸通红神采飞扬地走进教室，看着海蓉在我旁边若无其事地坐下，捏得口袋里那张纸条又热又潮，却始终没有拿出来。

　　以后每回想起这件小事，总是有一种浅浅的自责和害羞，觉得那时自己的行为过于幼稚可笑，也过于狭隘。然而，在以后的人生旅途中还是免不了遭遇同样的心情。

　　或许女孩是些天生爱嫉妒的小精灵，同伴的一张漂亮脸蛋，一件款式新颖的衣裳，或是一枚别致的头饰，甚至是大人的一句赞美，都会引发一点妒意。它们暗暗地掩藏在女孩的心底，也许会随风消逝，也许会化作一粒种子，萌芽，生长。但是，仅仅是因为这些而生妒意的女孩犹如暖房里娇嫩的花儿，经不起风雨的摧折。随着年龄的增长，我越发清晰地看到这点。

现在的我，面对别人的时候，喜欢看着他的眼睛。眼睛，是心灵的湖。明澈见底的眼神令我舒坦平静；游移不定的眼神让我惶惑不安；还有一种眼神，它幽深而不见光亮，似乎蒙着一层薄纱，扯不断，掀不开，它遥远地飘着，飘不进我心灵的家。我最惧怕的便是这样的目光。

那时候，每到学期结束，都会有一场例行公事般的"三好生"选举。我们这些三年级的小学生，也将在这场选举中行使自己的选举权和被选举权。只是，大多数孩子是没有被选举权的，因为他们的考试成绩不达"标准"。现在想来，这样的选举其实是有失公平与公正的。孩子们被人为地分出三六九等，以及所谓的好生和差生。被激励的孩子，往往能从中汲取前进的动力；被贴上"差生"标签的孩子，犹如戴上了阻碍成长的桎梏。然而，太多的实例告诉我们，一个人学生时代被认为是"好生"，成年后未必成功，恰恰相反，一些在学生时代成绩未必佳但素质全面发展的人，却能取得宽泛意义上的成功。

当然，这是题外话了。

那次，我又以最高票数当选了。下课后，许多同学跑过来祝贺我，从他们的眼神里，我读出了真诚和羡慕。我永远不会忘记这些亲善而澄澈的眼神，它们伴随着我走过了十多年的学生时代。从这样的眼神里，我支取了友善、关怀和激励。我羞涩地垂下眼睑，因为我无法坦然地领受这么多爱意，甚至感到了愧疚。

然而，在这么多暖暖的眼神里，我隐约觉得有一股冷冷的光，继而便有一个语调奇怪的声音向我飘来："哦——三好生轮流当嘛，别得意忘形了！"说话的是巫涛，一个要强的短发女孩，此刻她的眼睛高高地瞟着天花板，流露出一丝不屑、一点不服气和隐隐的妒意，紧接着，一声轻慢的"嗤——"从她的嘴角溜出来。

我装作若无其事地摆弄铅笔盒，抬头望了一眼窗外的浓荫，那儿，有一只小鸟正欢快地啁啾。

我想起一些不愉快的曾经。

跳皮筋的时候，我主动找巫涛说话，她却像没听见似的走到一边和别的同学搭话，一边说一边斜睨着我。上数学课，我因一道题卡了壳，巫涛在旁边幸灾乐祸地说："哈哈，给难住了吧！"她的眼睛里竟闪着光，那是一串兴奋的火花。

巫涛似乎把我推得远远的，她固执地在我与她之间筑起了一道看不见的墙。我试图把手伸过去，把我的声音传过去，却处处碰壁。无论我做什么，总觉得有一双挑剔的眼睛注视着我，它们仿佛离得我远远的，又好像贴得我近近的。

那是个炎热的中午，我在家里受了妈妈的责备，哭红了眼睛。下午上学前，我不愿让别人看出我哭过，于是用冷水敷了又敷，可眼睛还是红红的，布满血丝。

那时，大家都喜欢早早地到学校，跳皮筋，或是丢沙包。我想努力把不快忘掉，所以玩得格外起劲。巫涛一直站在边上留意我，时不时斜过眼睛瞥一瞥我。忽然，她径直走到我面前，大声说："你哭过了吧？"嘴角边挂着一丝捉摸不透的笑意。

不知为什么，那时的我觉得哭泣是一件极丢人的事，爱哭的女孩没出息，当众哭泣更是一种耻辱。

"没有。"我摇摇头否认。

"还没有！"巫涛的口气有些咄咄逼人，说着，她竟伸过手来掀了一下我的眼皮，下断语似的对旁边的同学说："肯定哭过了！"

这时，我内心突然有了一种强烈的感觉——巫涛恨我。看着巫涛胜利者般一蹦一跳地跑开，我第一次尝到了被侮辱的滋味。

走在校园的小路上，我脑海中浮现出巫涛充满怨艾和妒意的眼神，它像一把利剑把我小小的心刺得好痛。夏日的风躁动不安地拂过，不停地撩拨起我心中的郁闷，三年级的我第一次懂得了什么是烦恼，它让童年的世界黯然失色。

终于有一天，我再也无法忍受烦恼的煎熬，我扑入妈妈怀里痛哭，只为那充满隔膜让我难以释怀的眼神。

我说我渴望和每个人友好快乐地相处，我喜欢真诚善意的眼神，喜欢有笑容的色彩明丽的生活；我说我无论如何都无法靠近那个要强的短发女孩，无法让那双带有妒意的眼睛温柔起来。

听了我的哭诉，妈妈摩挲着我的头发，平静地对我说："你无法把握别人的心，但你能把握自己的心。面对一个嫉妒心强的人，你只有落于人后，才能让她感到满足，这就意味着你必须放弃上进心。我想你不会这样的，孩子。为了求得一时的平静而拒绝努力，这不值得。但有一点要永远记住，真诚和宽容会让你的生活永葆鲜艳的色彩。"

妈妈的话我似懂非懂，但紧绷的心弦还是稍稍放松了。"宽容"两个字像一阵凉爽的风拂进我郁闷的心田。

那一刻我恍然明白：能让自己真正快乐起来的不是别人，正是自己。

于是，我放下心上的负担，一如既往地对待巫涛，一如既往地刻苦努力，并且逐渐能够坦然而随意地和巫涛相处。

我依然喜欢注视别人的眼睛，而且渐渐懂得注视别人的眼睛是一种尊重、一种信任、一种体恤、一种默契，也是一种最最诚挚的交流。

巫涛那遥远而充满敌意的眼神深深地烙进了我童年的记忆，但我从未对她产生恨意，反而对她心存感激。

因为她让我明白，如果不友好地对待一个人，对方会有多么难受。清澈的眼神是一片艳丽天啊，所以，当我面对别人的时候，我总是看着他的眼睛，我想把一片明媚的阳光带给他，同时他会从我的瞳仁里读懂我的真情、我的友善，我也会感到我不是一个孤立的人。

我和巫涛平静地度过了小学的最后三年。中学六年我们竟未见过面，也许都已把对方淡忘了。

直到中学毕业那年的夏天，在一次各校联谊会上，我意外地见到了巫涛，更意外的是，由我俩共同主持联谊会。她依旧是短短的头发，脸色绯红，很有朝气和活力。当我俩对视的时候，都心照不宣地笑了，是为了曾有过的那段小小的不快，还是为了现在更默契的合作？

　　"看着你的眼睛，请你也看着我的眼睛。"我在心里对巫涛说。

　　伊莲，真的是这样。美好的心境，需要靠自己创造。

　　我上小学六年级的时候，刚刚步入青春期，人突然又瘦又高，笨拙得像只长脚鹭鸶。脑筋也不太好使，尤其在做数学题时，我总是转不过弯，把妈妈惹得很着急。问题还不仅仅是这些，我时常会莫名其妙地烦躁不安，讨厌别人的喋喋不休，喜欢做一些荒唐而遥远的白日梦。

　　伊莲，这是一些让你似曾相识的心理感受吗？你这个年龄，表面上波澜不惊，内里却暗流汹涌，而且你不屑于向大人求助，以为求助便意味着妥协和失败，于是只好自己和自己争战。

那时候，我固执地对班主任怀着抵触情绪，因着一些羞于启齿的微妙而复杂的情绪。班主任老师姓米，扁平脸，五十岁左右。我第一次见到她时就有些失望，因为她长得不如前任班主任端庄，脸上少了一点和善与慈祥。

十多岁的女孩子已经懂得察言观色了，很容易对别人抱有成见。再有，这个年龄的孩子已逐渐将披在老师身上的神秘面纱慢慢剥去，变得头脑清醒、桀骜不驯。

TO PERFECT ONESELF

那一刻，我坐在教室最后一排的座位上，细细地打量着米老师，很快便发现了她的一个小毛病：说话时唾沫四溅。白色的唾沫沾在她的嘴角上，让我浑身不自在。

当然，这并不是我反感米老师的真正原因。

那一年，我们班教室在四楼朝西的第一间，边上走上几级台阶，是一个堆放杂物的平台，平时总有一线金黄色的光柱透过屋顶上的天窗射下来，那光柱正对着教室后门上的一个小洞。每天，当太阳升起的时候，那个小小的门洞也光耀起来，有一丝明媚的光线斜斜地漏进来，里面似乎有无数颗微尘在翻动、舞蹈，如一幅生动的画面。

我喜欢在上课的间隙侧过头去，呆呆地凝视着微尘想心事。可是有好几回，我都找不见那跳动的光柱了，却在无意中瞥见了门洞外一只朝里窥测的眼睛。一旦眼睛出现，教室里顿时鸦雀无声，这个小小的门洞竟成了米老师的"第三只眼睛"。这样的偷窥，出发点再光明磊落，也让我心生几分厌恶。

其实，米老师是位特尽职的班主任。每次课间都来教室察看，督促学生擦黑板或是放下课本抓紧休息。那时，我们三个好伙伴喜欢扒着栏杆一边眺望远处的山，一边添油加醋地描述昨晚自己做过的梦。"说梦"是那阵子颇为流行的游戏，说的人绘声绘色，听的人凝神屏息，如临其境一般。同时，有三两个女生围着米老师问长问短，或揽着米老师的脖子，或凑到她的耳朵边。瞧她们甜腻腻的亲热劲，我心里一阵阵不舒服。

米老师在我的品德评语上写上"性格过于内向"，莫非嫌我同她不够亲近？我猜想一定是因为我没有揽过她的脖子，她才认为我这个中队长跟她不够贴心。越是这样想，心里就越赌气。

我严肃地警告我最好的朋友咏儿"不许再当众哭"。咏儿是个性格懦弱的女孩子，时常因为一些鸡毛蒜皮的过错，被米老师当着全班同学的面数落，她则滴滴答答地掉泪，有一次竟赖在地上痛哭，连我都觉得丢脸。而米老师决不会因为她爱流眼泪而喜欢上她。

我对咏儿说："我们一定要争气。"咏儿专注地看着我点点头，鼻尖红红的。"争气"是我们那时常用的字眼，它的内涵很狭隘，无非是学习努力，不依赖别人而已。

这是我有生以来第一次真正体验不喜欢一个人的感觉，这古怪的感觉把我弄得浑身不舒畅，每个毛孔都仿佛堵塞了。但我又一时无法改变这样的状态，只能不情愿地忍受。

六年级下学期，因为近视，我换到了第一排。米老师讲课时习惯把手撑在我的课桌上，我呢，可以趁她不注意的时候观察她的那双手。米老师的手指鼓鼓涨涨的，透着微红的血色，薄薄的皮肤上有几道细细的皱纹。我一向喜欢纤长的白嫩的手，米老师臃肿的手指又让我生厌。我的桌面上时常溅有一点一点米老师的唾沫星子，我看着它们风干、消失。有一次，竟有一滴溅在了我的嘴唇上，我不敢用手去擦，生怕米老师发现了，后来整整一天，我感觉唇上都脏兮兮的，哪怕洗了好几遍。

我在纸上画了米老师的像，在脸上点了一粒粒雀斑，还把她的头发画成难看的卷卷毛。画完后，总是做贼心虚般地把纸撕得粉碎，扔进校园后面的垃圾堆里。我的心态复杂极了，既对米老师充满了反感，又担心被她窥出这一秘密。每天上学，我都提心吊胆的，小心翼翼地观察米老师对我的态度是否有变化，梦魇般地想象某一天米老师会把我拎出去，朝我厉声吼道：

"你怎么可以讨厌老师？"

伊莲，那是一段多么疙疙瘩瘩的倒霉日子。

天空晦暗地罩在我的头顶，走廊里白白的石灰墙褪了色，现出赤裸的墙砖来，似乎在向我显示升学考试前的严酷。因为对米老师的抵触情绪，我的生活被弄得乱糟糟的，心情更是低落到极点。我望着米老师抱着大摞的作业簿站在教室门口，她的身体挡住了室外的光线，我的心里升腾着灰色的无望的情绪。

我开始拼命地复习功课。幸运的是，数学成绩很快有了转机，时常能考个闪着光彩的分数，对自己也逐渐有了信心。幸好，我还懂得自救。我努力地把消极的情绪从心里驱逐出去，巴望着早日毕业脱离米老师的控制，犹如在黑暗中企盼光明。伊莲，我拼命努力，竭力想摆脱的其实是阻滞自己前进的不明朗的心态。

临近毕业的那段时间，米老师明显地消瘦下来，她的消瘦使我有了一种模模糊糊的茫然。她的手依旧时常撑在我的课桌上，手背上的皮肤变得苍白而松弛，这让我感到了米老师的疲惫和乏力。

我隐隐感觉到米老师是因焦急和奔波而显憔悴，那时候，据说她遍访了每个学生的家。米老师在一个星星闪烁的夜晚叩响了我家的门，我不情愿地站在门边，看着妈妈一脸严肃地听米老师说话。临走，米老师转过身对我说："你一定能考好。"听着她的话，注视着她越显疲乏的神情，我的心里蓦然有了一些感动，这些感动令我稍有汗颜。

后来，我在升学考中取得了第一名，实现了"争气"的诺言。拿到成绩单的那一天，我如释重负，把所有的不快统统抛到了九霄云外。毕业典礼上，看着米老师穿戴整齐地站在讲台前与我们一一话别，我心中的阴影已扫去了大半。

我还突然发现，米老师的眼睛里也弥漫着和其他中年女性一样柔和的光波。这样的目光令我心生懊悔，我暗暗地告诉自己："为什么要把自己的心绪搅得很糟糕呢？讨厌别人真是于己于人都无益的体验啊！"

伊莲，这是一场难忘的教训。以后每每对别人产生一点点不满的时候，我都会立马在他的身上寻找长处，无论他是同龄人还是长辈，因为我不想让别人伤心，更不愿让自己重回六年级时的那段灰暗而难堪的心绪中去。

更重要的是，我彻底想明白了：摆脱窘境的最根本的方法是修炼自身。✉

No. 13

# 成熟的
## 第一步

伊莲：

　　邻居家有个小孩叫乐乐，刚刚学会走路，笨拙的样子非常可人。她走走停停，摇摇晃晃，冷不防就扑到大人怀里，你也忍不住要去抱她。多可爱！

　　有一天，乐乐又在家里学走路，一不小心，扑通，被小椅子绊了一跤。乐乐哭了，妈妈拎起小椅子，啪啪两下，打在小椅子上，佯装骂道："破椅子，都是你，把我们乐乐绊倒了！"

　　伊莲，这样的场景你熟悉吗？

　　在我们小的时候，每每出错，大人就会迁怒于没有生命的东西或者无辜的旁观者，唯独不怪罪的是我们这些孩子，或许在父母眼中孩子永远是完美的，或许父母爱子情深，不忍责骂半句。但是，如果把这种习惯带入我们的成长，就是件麻烦事了。

　　我们见了太多无视自己的过错，而将责任推卸给别人的事情。现在我们可以怪罪家长、老师、学校、教育制度、社会大环境，将来可以怪罪丈夫、子女，有必要的话，还可以怪罪祖先，甚至是命运的不公。

伊莲，有一类长不大的人，他们总能为自己的失败和弱点找到理由，比如智商不如人，童年体弱多病，家境不够富有，父母的教育不够恰当等等。然而，我认为，竭力寻找外在的理由，只是为了模糊内在的自责和羞愧。

我有一位女同事，总是抱怨自己事业上的不顺：大学毕业没有找到一份好工作，后来有了一份好工作，又抱怨没有一位好上司，上司换了，又挑剔行业前景不好，以至于她的能力得不到正常发挥。到了三十多岁，依然没有准确的职业定位。运气不佳，她总说。而我却想，其实是她没有珍惜她所得到的一切，总在为自己的懈怠寻找理由，而不是设法克服遇到的困难。

为了逃避自己的过失、责任，通常情况下，我们总是从周围的环境寻找原因。但是，伊莲，如果连对自己都无法担起责任，也许就不能说我们是成熟的，是长大的人。

怪不得，在成人世界中，仍然有那么多没长大的人——他们始终无法勇敢地承担起责任，并且正视自己的弱点。

我常常会想起那个叫小旭的十六岁少女。很多年过去了，她留给我的印象一点没有淡去。

时间回溯到 1995 年秋天。

当年，我是一家家庭教育杂志社的记者。一天，我接到了一项特殊的采访任务——采访一个正在上高一的女孩。她的班主任告诉我，在有些方面，连老师都自叹不如。这让我很好奇。

班主任说了一件事。学校开主题班会，要求家长也参加。同学们的家长大都职业体面，衣着讲究。只有小旭的妈妈是个特例：她身材十分矮小，脸色黑红，因为患过小儿麻痹症的缘故，走路一瘸一拐的；穿着一件老式的格子西装，因为年代久了，领口袖口都有点起毛、泛白，但这无疑是她最好的一件衣服。小旭扶着走不稳的妈妈，上了讲台。大家都看到了这个女孩子脸上的神色，没有一丝一毫的犹豫、隐讳，那么的真诚坦然、阳光灿烂。她微笑着向众人介绍："我亲爱的妈妈，在一家饭店帮人洗碗……"最后，班主任又强调说："她的心思竟是如此的干净，没有一点虚荣心，总是那么坚强乐观，连我也做不到呀。"

一天晚饭后，我按小旭给我的地址找到了她位于苏州河边的家。那是一栋上海常见的新式里弄房子，很多户人家合用一间厨房，小旭母女占了二层半楼的一个小小的亭子间，只有八平米大，放下衣柜、床和桌子，连转身的余地也没有了。小旭一人在家，正在灯下写作业。电视机罩了套子，束之高阁，不看了，为的是省电。唯一可以用来娱乐的，就是放在桌子一角的一台老式收音机。

小旭告诉我，爸妈很早就离婚了，她和妈妈相依为命。妈妈下岗后，看过自行车，母女俩一起卖过牛奶，现在已经不是她们最艰难的时候了。最苦的时候，她们只能用酱油或糖下饭。小旭说着，脸上没有凄苦委屈的神色，像在说一件极其平常的事。然后，她下楼给自己做晚饭。晚饭端上来了，是一碗放了几根菠菜的菜泡饭。小旭吃得很香，边吃边和我说话。

她回忆幼年时爸妈离婚的情景，妈妈是如何将她艰难地带大，她穿着旧衣服去上学如何被同学耻笑，妈妈又是如何教她乐观坚强。她津津乐道于自己来往于旧书摊淘的参考书——长这么大她还从没拥有过一本新的参考书；她饶有兴趣地谈起做家教过程中的趣事——她的成绩一直出类拔萃，在同龄人享受家人宠爱的节假日，她则出门做家教，减轻妈妈的负担。

"没有人能选择自己的出身和家庭。你说对吗？我很小的时候就懂得这点了，或者说，更多的时候，我并没有意识到自己和别的孩子有什么不同。我竭力不去想，就是想了，也让这个念头很快过去。不过，在某些方面，我真的和别的孩子有着很大不同，这是无法否认的事实。"小旭如此向我坦陈对家境的看法。

是因为穷人的孩子早当家吗？伊莲，很多人会想当然地这么认为。

小旭比同龄孩子更清晰地看明白了自己的处境，并且甘之若素。这一切是天生的，还是后天习得的？伊莲，你一定像我当时那样，对小旭充满了好奇心。

小旭很小便懂得，自己必须保护妈妈，因为妈妈残疾。而且，在爸妈离婚前，妈妈从爸爸那里得不到一分钱，只能靠一个人微薄的收入来养活她。离婚后，爸爸更是弃她们母女俩于不顾。然而，妈妈是那么乐观和坚强，她从没听过妈妈抱怨，也没见她当自己的面流泪。伊莲，在我看来，小旭的妈妈虽然身有残疾，但她可能比那些四肢健全的人拥有一颗更健全的心。连小旭都明白："如果不是因为妈妈总是给我信心，总是在我面前笑声朗朗，真难以想象今天的我会变成一个怎样自卑和忧伤的孩子。"

尽管小旭向我展示了她开朗坚强的一面，但我还是窥见了她敏感多思的另一面。敏感多思的孩子往往更容易受伤，但小旭小小年纪已经意识到，生活最重要的是练就一颗很强大的心，不管遇到什么沟沟坎坎，都会过去。这也是她的妈妈教给她的。

所以，伊莲，有时候，人的心智是否健全，未必和他所受的教育有关。小旭的妈妈并没有受过高等教育，但她一定是个人格很健全的人。现实生活中，我们见过太多高学历的"畸形人"，他们满腹诗书，但人格残缺；身体成熟，想法却像孩童般幼稚可笑。这是多么可怕的不协调！

小旭上幼儿园时，上早班的妈妈无法天天送她去幼儿园。从家里到幼儿园要横穿两条马路，小旭每天都是独自一人走着去。妈妈起初不放心，悄悄地跟在她后面。她走在前面，总能隐隐感觉到妈妈目光的追随，一回头，妈妈马上侧身躲到了树后。后来，妈妈不再"跟踪"她了，因为她已经熟练地掌握了安全过马路的本领。那年，她四岁。

再后来，小旭有过无数次没有大人陪伴独自行走的经历。当一个人走在夜晚冷清的街道上心生恐惧时，当在凛冽的寒风中瑟瑟发抖时，她的耳畔总是响起妈妈的叮咛："一定要挺过去，将来会好的。"

　　妈妈最常对她说的一句话是："万事不能靠别人，要靠自己，要快快乐乐地面对生活。"

　　长大一些，小旭开始和妈妈一起分担生活的重担。厨房在楼下，起居室在楼上的亭子间，中间隔着一段狭长昏暗的木楼梯。妈妈走路不方便，于是搬上搬下的活儿都由年幼的小旭包了。她瘦瘦小小，却能搬着木头脚盆上上下下。木头脚盆又沉又笨，她抱着它，经常累得龇牙咧嘴，可是天长日久，竟也练出了一身力气。上小学后，她的体育成绩一直保持全优，或许就是得益于家务劳动吧。

　　上小学了。开学第一天，小旭是唯一没有大人接送的小孩。对刚刚上学的孩子来说，被大人隆重地接送，这是多么重要的仪式啊。可小旭一直是一个人。"别的小朋友的家长会好奇地问我：'你一个人走吗？'我会挺起小胸脯，骄傲地回答他们：'对的，是一个人！'"

　　她第一次和那么多同龄的小伙伴坐在一起，讲台前站着眉目慈祥的班主任，窗外嘈杂的人声和车辆的噪音在她身后慢慢地像潮水一样褪去。"我望着眼前擦拭得干干净净的黑板，心里升起一股暖暖的东西，那是快乐和信心。我兴奋地感觉到，上学会把我引向一片开阔的新天地。"

虽然她常穿着布衫布裤旧衣裳，但是妈妈心灵手巧，总能把她打扮得干净得体又大方。和同学们在一起戏耍，她爽朗的笑声像风吹银铃。有一阵，她迷上了踢足球，当中锋，还有守门员；放了学，像个野丫头一样在弄堂里疯跑。那时候，家里的经济条件远没有摆脱困境，可不知为什么，她心里的负担和阴影却卸去了大半。"这或许是因为自己和外界的环境达成了某种平衡，这种平衡像风一样驱散了我内心的雾霭，然后我的心变得简洁、疏朗、明净。"

小旭说："我最感谢的人还是妈妈。妈妈在最艰难的时候没有掉过一滴泪，总是乐天派地大声说笑，像没有心事一样。这并不是妈妈刻意为之，而是她的秉性，这些都在潜移默化中感染和影响着我。"

有一阵，小旭每周末都去少年宫学琴，妈妈让她去的。

伊莲，你听了也许会感到惊讶。对于小旭这样的家庭，满足温饱就不错了，学琴无疑是一种奢侈。

然而，妈妈用节省下来的饭钱给小旭买了一把小提琴。周末的晚上，小旭和妈妈吃完简单的晚饭，刷了碗，就会走到晒台上练琴。妈妈每每陶醉在女儿拉出来的优美的琴声里，那时的小旭是最幸福的。

长期艰苦的生活并没有消磨小旭对生活的热情，反而激发出她在学业上的进取心。她的同学们都有漂亮的小书桌，有高学历的家长帮忙辅导，可他们却因作业动不动愁眉苦脸。小旭多希望有人能陪她默写生词，关注她写字的姿势，哪怕是指责两句也好，可是，拖着病腿连养家都吃力的妈妈，起早贪黑外出打工，哪里有时间来管她？小旭只能咬咬牙，一切靠自己。

上中学后，曾经有一个叫安娜的女生看不起总是穿旧衣裳的小旭。说实话，哪个女孩不爱美呢？但是，与外在的美相比，小旭更看重内在的东西。她更不愿意，因为她的虚荣心而增加妈妈的负担。

有一次，老师出了道命题作文："我的妈妈"。这个题目早已不新鲜，小学时就写过。但这一回，小旭忽然有别的话想说。在作文里，她提到了这样一件事：

上小学的时候，我见别的孩子都有新衣服穿，便吵着要新衣服，又哭又闹的。妈妈并没有责怪我，只是一脸无奈地告诉我，家里条件不好，买不起，等以后生活好了，再买。我慢慢停了哭，意识到自己的不对，便对妈妈说，不要买了。第二天放学回家，却见床上放了一件新衣服，是妈妈买的，边上还有一张纸条，妈妈在上面写下：亲爱的女儿，对不起……

后来，语文老师把小旭的作文当作范文在全班朗读。教室里鸦雀无声，听着听着，不少同学抽泣起来。或许小旭的生活让他们感觉陌生，让他们震惊，但小旭告诉我，她更愿意相信，是她和妈妈相依为命的骨肉亲情感动了他们。

下课后，安娜走到小旭面前，欲言又止。小旭拉拉她的手，她才开口道："我以后再也不说你的衣服不好看了，原谅我吧。"

其实，对于穿着，小旭早已有自己的见解。那便是妈妈常说的，对于一个人格成熟的人，他的修养和学识才是最华贵的装饰。

伊莲，说到这里，你一定对小旭刮目相看了吧。

在一般人看来，小旭有太多可以怪罪的东西，父母的离异、母亲的残疾、家境的穷困、窘迫的学习环境……她有太多的借口来为自己开脱，可她为什么没有？我想，那是因为她早早地获得了心志上的成熟。

接下来的这件事，显示了小旭内心的另一种强大。

初中毕业前夕，小旭参加了化学奥林匹克竞赛。学校规定，凡是在竞赛中获得二等奖及以上奖项的，均能免试直升本校高中。小旭估摸着，拿个二等奖是没有问题的。

比赛进行得很顺利。回家后，小旭对妈妈说："这次我应该能免试直升高中了。"妈妈很高兴，还特意做了一个好菜，庆贺了一下。可是，意外发生了。几个星期后，成绩公布了——小旭得了三等奖，和二等奖只有一分之差！

小旭懵了。但此时，丧气和懊恼只有蠢人才会。直升考试迫在眉睫，而在此前，为了竞赛，她全力以赴地将时间全花费在了化学上，把其他学科抛在了一边，怎么办？只能硬着头皮从头开始全面复习。

她竟然沉住气，没把竞赛结果告诉妈妈，更没有对妈妈说还需要参加直升考试。

直升考试的前一天晚上，她还趴在饭桌上复习功课。妈妈心疼地说："都直升了，还看什么书呀？""我在写作业呢。"小旭说。这是她第一次对妈妈说谎。

第二天一早，小旭便去学校参加了直升考试。当然，结果很好，她顺利通过了直升考试，而且成绩出色。拿到成绩单那天晚上，小旭才把真相告诉了妈妈。

伊莲，当我倾听着小旭的故事，心底不时发出惊叹：有多少人可以像小旭和她的妈妈那样在生活的谷底一如既往地保持笑容？有多少人能在漫漫长夜里固守一盏微弱的灯，等待天明？又有多少人内心的意志强大到可以忽略外界的一切噪音，获得心灵的平和安宁？

小旭的妈妈告诉我："从女儿出生开始，我就知道这个孩子会经历与别人不同的人生。小旭很小的时候，如果摔了跟头，我从不会跑上前扶起她，而会说：'爬起来，自己爬起来。'以后的人生路上如果跌跤了，又能指望谁把她扶起来呢？下雨了，我从来不去学校给女儿送伞。将来长大了，不可能总是有遮风避雨的地方。小时候淋了雨，才可以经受未来的风雨。"除此，无论什么事情，妈妈总是习惯让女儿自己做，让她自己收拾房间、整理书包，让她自己去买东西、做各种生活的选择题。在小旭妈妈看来，大人的越俎代庖是对小孩已有权利的侵害，而且对成长无利。

伊莲，我已经讲完了小旭和她妈妈的故事。小旭上高中后成绩优异，免试直升了清华大学。她曾经说过，要考硕士、博士。如今，她该毕了业，踏入社会了吧。我已很久很久没有和她联系，但我相信，像她这样一个女孩，无论在哪里，都一定能获得自己想要的生活。

伊莲，回到走路摔跤的问题上来。

一个人成熟的第一步，往往是从走路摔跤开始的。跌倒了，无论是倒在花丛里，还是陷在淤泥中，都别指望他人的搀扶，要靠自己，拼尽全身气力，爬起来。然后，迈出摇晃却坚实的一步。如此，你才真正地朝成熟迈进了。

据说，英国历史上都铎王朝的王子都配有自己的"替罪男孩"。年幼的王子无论多么调皮，都不能打他，而是由花钱雇来的几个小孩替他挨打受罚。如今，这一传统早已消亡，但是不成熟的人仍然具有寻找替罪羊的本能冲动。只有成熟的人，才会不找客观理由，而且懂得为自己的行为负责，并且，勇于承担后果。

伊莲，你希望成为这样成熟的人吗？

No. 14

# 天堂是
# 一座图书馆

伊莲：

你想象过天堂的模样吗？

有一位叫博尔赫斯的阿根廷作家，同时，他也是阿根廷国家图书馆的馆长，他说过这样一句流传久远的话："如果有天堂，天堂就应该是图书馆的模样。"

博尔赫斯似乎就是为图书而生的：家中父亲的藏书室中收藏有不计其数的英文典籍，幼年的博尔赫斯徜徉于此，这是他对书最初的迷恋；成年后，他选择了图书管理作为职业，由助理馆员做到国家图书馆馆长，同时他也是欧美许多著名图书馆的常客。

1955 年，已近乎失明的博尔赫斯被任命为阿根廷国家图书馆馆长。从此，他只能在模糊的黑暗中坐拥八十万藏书的巨大书城，正如荷马曾在同样的黑暗中承受着诗歌之海的阵阵潮涌一般。

博尔赫斯在《天赋之诗》中这样写道：

> 在我的黑暗里，那虚浮的暝色
>
> 我用一把迟疑的手杖慢慢摸索
>
> 我，总是在想象着天堂
>
> 是一座图书馆的模样

博尔赫斯在他的著名短篇《巴别图书馆》中甚至将图书馆扩展为整个宇宙。在他眼里，宇宙就是一个永恒的图书馆。人们在图书馆里出生、流浪、发疯、思考、辩论、排泄，直至死亡，一代接一代，永恒更替。图书馆里收藏所有的图书，且已穷尽了所有字母排列组合的可能性……

博尔赫斯说出了书的本质。

伊莲，在课本之外，我们的确需要别的文字来充实自己。我想，一个人，如果仅有课本知识，就犹如被编好了程序的机器，掌握的只是一些基本的技能。若想让成长中的心灵丰盈起来，还必须借助课外大量的阅读。

伊莲，你会说，获取知识的方式有很多，网络、电视，甚至旅行，为什么非得要阅读呢？阅读的目的并不只是为了获取知识。增长见识，不过是阅读最浅层次的功用，阅读的神奇魅力或许并不是一朝一夕便能深刻体会到的。

每天朗读 15 分钟，是美国教育的秘诀。

美国教育家普遍认为，阅读是教育的核心。一个具有良好阅读能力的人，一定能较好地掌握学校各科的知识。我很喜欢举这样一个例子：在美国，有 30 位出生于工人家庭的男子接受访问，这 30 人中，有 15 人成为大学教授，15 人仍是工人。在挑选这 30 人的时候，研究人员确认他们出生在相似的社会背景下，遭遇的家庭创伤也相似，比如父母酗酒、死亡、离异等。

但这 30 个童年成长背景相似的人，长大后又为何命运不同呢？研究人员发现，最大的差异在于他们童年时在阅读方面的经历。

15 名教授中，12 人有父母给他们读书或讲故事；15 名工人中，只有 4 人有这样的经历。

15 名教授中，14 人小时候家中有很多图书和别的印刷品；15 名工人中，只有 4 人家中有书。

15 名教授小时候都得到大人在阅读上的鼓励，15 名工人中只有 3 人得到过鼓励。

这并不是一项特别严谨的调查，但至少，它提供了这样一项信息：15 名教授一致认为他们小时候阅读趣味盎然，志向满满。他们在书中寻找头脑中问题的答案或者是人生困境的出路，书本成了他们的精神食粮和心灵导师。

其中有一个典型的例子。这位教授是一位社会学学者。他 7 岁时母亲去世，被送进孤儿院。刚进去时，他备受煎熬，觉得世界暗淡无光。8 岁时，他在孤儿院的图书馆里发现了一位美国儿童文学作家的系列故事书。这套书的主人公就是一个在困境中掌握命运的男孩。这个发现对他意义深远，因为他突然意识到，尽管在孤儿院，他仍然可以掌握命运，创造人生。这正如苏联儿童文学作家谢尔盖·米哈尔科夫所说，一本适时的好书能够决定一个人的命运，或者成为他的指路明星，以此确定他终生的理想。

可是伊莲，当今，大家都把焦点放在分数和阅读的功利性上，很容易忽略了阅读本身具备的作用。比如很多家长给孩子买书，就是为了提高他们的学习成绩。这太肤浅。

实际上，一本你所喜欢的书，是亲切而有趣的旅伴，是最贴心的心灵导师。它伴随着你，给你无穷无尽的想象与欢乐；它帮你战胜寂寞与孤独，为你撑起心灵的一片绿荫。

再深一层，文学的最终目的是表现人生——这其实是所有教育的意义。寻找人生的意义，对任何人来说，都是终其一生要完成的重要一课。唯有师长与文学能够成为孩子的领航员，师长给孩子的是人生经验，文学则是表现文学经验——这些文学经验在一个人的头脑中发酵整合，渐渐地会转变成真实的人生体验。

伊莲，你曾向我抱怨，妈妈塞给你的那些世界名著，翻不上几页，你就搁下了。你被其中的艰深生涩吓怕了，你进入不了书中的情节。

我理解你。当我还是孩子的时候，和你一样，虽然爱读书，但对世界名著望而生畏，我不解其意，更无法领悟其中的好。

但是，伊莲，现在的你要比过去的我幸运：在茫茫书海中，有太多种书供你选择，若是觉得世界名著过于艰深，不妨读一读让你感觉亲近的儿童文学。那些文字，快乐不浅薄，真实不残忍，伤感却温暖，你只要认真阅读，就会感到亲近，并且自发地爱上它们。

真正优秀的儿童文学是没有年龄界限的，适合9至99岁公民阅读，老少均可品味。而且，认识人生的功用，在很多优秀的儿童文学作品里就已经达到了，比如日本儿童文学作家新美南吉的作品《去年的树》：

> 一只鸟和一棵树成了好朋友，小鸟每天唱歌给树听。冬天来了，小鸟要飞到很远的地方去，就和树约好，明年再到这儿来唱歌给树听。可是，到了第二年春天，树不见了，只剩下了树桩。树桩告诉小鸟，伐木工人把树锯倒，拉到山谷里去了。小鸟就追到山谷里，那儿有一座很大的工厂，工厂的大门告诉它，树被切得细细条条的，做成火柴，运到那边的村子里了。小鸟又向村子里飞去，那儿有一户人家，在一盏煤油灯旁，坐着一个女孩儿。小鸟问女孩儿："姑娘，请告诉我，火柴在哪儿？"女孩儿回答说："火柴已经用光了，可是，火柴点燃的火，还在这个油灯里亮着。"小鸟睁大眼睛，盯着灯火看了一会儿，接着，它就唱起了去年唱过的那支歌儿，给灯火听。唱完了歌，小鸟又对着灯火看了一会儿，飞走了。

我把这个故事讲给孩子们听，问他们有什么感受，他们和我分享了很多：关于承诺，关于环保，关于树的奉献，关于永远的消逝，关于小鸟的执着，关于人类的掠夺……

这是一则浅浅的童话，却带给人深深的回味，并且引起余味无穷的审美享受。伊莲，这样的作品，大人、小孩都可以是她的读者。大人领悟其中的人生哲理，小孩也于懵懂间获得人生最初的启蒙。

对一个人来说，童年和少年时期短暂而珍贵，是给精神打底子的关键时期，某种程度上，将来能成为一个什么样的人，全在于这个时期的选择。而一个人的成长史，往往和他的阅读史紧密联系在一起。回顾我自己的阅读史，我发现，或许只有童年和少年时读的书，才会久久不忘，才会对人生产生深刻影响。伊莲，小时候读的书甚至可以让你触摸未来，犹如神秘的预言。

伊莲，你既然知道读书的好处，自然也就面临选书的苦恼。书海茫茫，到底怎样的书才值得我们去读呢？我举个例子给你听，书名是《爱德华的奇妙之旅》，讲的是一只瓷兔子的爱和人生。

从前，在埃及街的一栋房子里，住着一只几乎全部是用陶瓷做成的兔子，名叫爱德华。爱德华是一只极度自负、个性冰冷的瓷兔子，被小主人艾比琳宠爱着。他只接受大家给他的爱，却不懂爱，也不愿意懂。在一次搭船出游的意外中，艾比琳失去了她心爱的瓷兔子，爱德华被丢入无止境的海里，他第一次有了真真实实的感受。在爱德华沉睡于海底的第 297 天，一位叫劳伦斯的渔夫用渔网打捞起爱德华，并把他送给老婆奈莉。奈莉很喜欢在做饭的时候对着爱德华说话，爱德华开始懂得倾听主人的心。但是，奈莉的大女儿却把爱德华丢进垃圾堆，这让爱德华感到陶瓷胸口一阵刺痛，他第一次在内心呼喊。

后来，一只毛茸茸的狗将爱德华救出垃圾堆，并让他遇见了新主人——流浪汉布尔。爱德华和布尔，以及布尔的狗流浪了好长一段时间。在一次意外中，爱德华被踢出正在前行的火车，他不停地在山坡上翻滚、翻滚。爱德华不知道自己还得再经历多少次这种连再见都来不及说的分离场面，他体内的某个地方开始隐隐作痛。后来，爱德华遇见了一位妇人，妇人却将他当作稻草人使用。幸好小男孩布莱斯将他从十字架上救了下来，并将他送给生病的妹妹莎拉。莎拉把爱德华抱在怀里，低头微笑地看着他，轻轻地摇啊摇。被这么温柔的怀抱摇哄，被这么充满关爱的眼神注视，真是一种非常奇妙的感受，爱德华觉得他整个陶瓷做成的身体都温暖了起来。然而，幸福的日子总是短暂得很，莎拉的病情越来越严重，她开始咳出血来，呼吸变得刺耳又不稳定，最后，她在哥哥的怀抱中停止了呼吸。布莱斯带着爱德华前往孟菲斯，他们在街角跳舞赚钱，但是赚到的钱连一顿饭都吃不起。因为付不出足够的钱，爱德华被餐厅老板狠狠地摔到地上。一阵响亮的破裂声，将爱德华的世界变得一片漆黑。爱德华被送去修理，他被重新黏合、清理、抛光，穿上了高雅的套装，被搁在了高高的展示架上，他再也不属于布莱斯。在商店橱窗里，每一个玩偶都希望能够遇见一个爱他的主人，但爱德华完全不抱希望，他已经厌倦了一次又一次的离别。

直到有一天，爱德华遇见了一个活了一百年的娃娃，娃娃告诉他："你必须满怀期待和信心，你必须在心里想着，一定会有人爱你，而你要爱的下一个人又会是谁。""一定会有人来带你走的，可是你必须先打开自己的心门。"

"一定会有人来带我走的。"爱德华的心扉再一次敞开。

多少个季节又过去了。有个人真的来了，是已经成为母亲的当年的小女孩艾比琳。

爱德华终于找到了回家的路。

这是一部标准的儿童文学作品，充满节律的简练语言，一个奇特又引人入胜的故事，讲述了广义的爱，涉及成长、世事的无常、人生信念的坚守、自我的牺牲、爱的失去与得到……作为成年人，可以从中读出很多息息相通的东西。而你呢，伊莲，你一定也热爱这个一波三折的故事，同时被深深感动。

一个四年级的男孩在一次读书活动中与我分享自己的心得，他这样说："在殷老师推荐的书里，有一本《爱德华的奇妙之旅》感动得我泪流满面。这可把爸爸吓坏了，问我：'海川，你怎么了？'我不响。爸爸急切地又问：'你没事吧？'我没好气地答道：'我哭了！你没看见？我和你一样，只有在阅读无比投入时才可能流泪。'"

伊莲，这样一种足以让人流泪的审美感受，何尝不是一种阅读的幸福呢？一颗小小的心由此而得到的成长，你看不见，却一定真实地发生着。

还有一本图画书，被人们广泛谈论着，那就是佐野洋子的《活了100万次的猫》。故事很简单：

一只虎斑猫活过100万次，跟国王、水手、魔术师、小偷等各色人等生活过，一次次死了又活，它从不流泪，也从未感到快乐，甚至对生命心生厌倦。后来它成了一只谁

都不属于、只属于自己的野猫，于是，在不安与孤独中，它不知不觉地爱上了一只美丽的白猫。它们在一起，度过了快乐的一生。白猫老死后，它大哭不止，最后伤心而死——这次，它再也没能起死回生。

最复杂难解的无疑是它的结尾：为什么快乐过了，流过泪了，就再也不能重生了？对此，可以有无数的答案。

伊莲，我们一起来探讨一下这本浅近的图画书所蕴含的深广的内涵。

生与死。有意义的人生是有限的，是终将失去的；而将要逝去的人生，才显得尤为可贵。

豢养与自由。猫之前的 100 万次生命可以说都是不自由的，它总是跟随着自己的主人，干着自己不情愿的事，最后莫名其妙地因主人而死去。脱离了

豢养，成了野猫之后，它才有了真正自由的生命。自由的生命是有限的，自由的生命因有限而更可贵，更令人留恋。

爱与被爱。猫在被豢养的过程中，始终为主人们所爱，但它从不爱主人。即使成了野猫之后，那么多的母猫围着它转，想成为它的新娘，它也毫不动心。可是，在它自己看中了美丽的白猫后，它的人生、它的心理，完全变了样。它不再陶醉于自我迷恋中，而是学会了付出，懂得了去爱他人。所以，我们可以这样说，唯有发自内心的爱才能触碰真实的生命。

爱的代价。因为爱，因为动了真心和凡心，虎斑猫失去了不死的魔力。这是爱的代价。付出这么大的代价，却仍然要爱，足可见爱的宝贵，也才现出爱者的赤诚。

充满幻觉的童年与平实真切的人生。也许，这个故事的前半部分所说的都只是一种童年的朦胧的记忆。在孩子们真幻不分的记忆中，他们一会儿是强盗，一会儿是妖怪，什么身份都有过，当然也会死过无数次，但他们不会真死，死100万次后仍然还是不谙世事的他们。直到他们长大了，意识到自己的生命，找到了自己的真爱，他们才开始了真正的人生。这样的人生不再是虚幻的，所以他们终将走向生命的终点。

············

伊莲，你一定是喜欢这样的作品的。因为她不会摆架子拒你于千里之外，而是以朴素平易的面貌悦纳你，你一旦走入其中，她便为你打开了另一个宽广的心灵世界，那儿有几近无限的丰饶和深邃。

当然，伊莲，除了这些浅近又深刻的故事，我更希望你敞开胸怀，尝试接近那些经过了时间检验的中外经典。哪怕不解其意，也要试着走近她们，尝试着去呼吸伟大作品里的气息。

伊莲，关于你的阅读，我有些偏固执的坚持。我不希望你追赶时髦，被畅销书牵着鼻子走，更不愿你沉溺于风花雪月的网络小说里。伊莲，你的阅读必须是贵族化的、高姿态的，因为唯有让成长中的眼睛接触了真正美的东西，唯有让成长中的心灵受到高雅艺术的熏染，你的成长才可能美丽且高雅。

当你接触了一些优秀的文学作品，你一定会发现，优秀的文学作品和平庸的文学作品，有着太多的质地和气味上的不同。好书不是浅薄的校园搞笑，她会让你安静，读完了，开心过，或者微微地难过，过了很长时间，不会忘记它，甚至等你长大了，依然会在心中为她保留一块地方，待再品时，又有不一样的感悟。

伊莲，贵族化的、高姿态的阅读，会让你成为一个精神志趣高尚的人，一个内心柔软的人，一个人格健全的人，最终，通过阅读，叩响未来的大门。听起来，这是多么神奇。

当然，文学只是浩瀚书海的很小的一部分。伊莲，你要学会读万卷书，拓宽自己的兴趣面，不要挑"食"，要做"杂食动物"，哲学、历史、心理、天文……每一个门类都有独到的魅力。但是，千万别把自己读成一个书呆子，要边读书，边思考，把这种思考融入你周围的世界，以及自我的成长中。不要让书橱里的书因为得不到手的温暖而感到寂寞，也不要因为有了书的陪伴而关闭了自己和世界交流的心门。

伊莲，现在，你正站在天堂这座图书馆的门口，顺着台阶走上去，走进去，去博览群书，去触摸你心中的天堂吧。✉️

No. 15

# 写给未来的你

伊莲：

　　这封信写给未来的你。

　　你尽可以将它封存起来，等到十年后的某一天再打开它。也许只有到那时，你才会真正地对我所说的话感同身受。

　　伊莲，我把你当成平等的朋友促膝交谈。既然是平等的朋友，自然要完全地敞开自己。所以，这儿我要先说说我的经历。

　　二十多年前，我从一所地处偏僻的高中直升进入了华东师范大学法政系思想政治教育专业。之所以选择华东师范大学，是因为那里的中文系曾经产生过一个"作家群"。我从中学就开始做作家梦，向往和那所大学有关的一切。高中毕业时，我所在的那所中学唯一一个保送名额就是华师大，于是不管什么专业，我义无反顾地去了。我所在的这个专业，只收保送生，全班二十九名学生是全国各省市重点中学的佼佼者。

　　然而，上了大学，我却发觉所学专业和我的气质及梦想完全不符。那时，我已经开始写作，在一位文学编辑的鼓励下，我决定回归文学路。大学四年，我一面认真地学习专业知识，一面去旁听中文系的课，去图书馆大量阅读，尝试着写作。

伊莲，我是一个完美主义者，即便不喜欢，也要把正在做的事情做到最好。大学四年，我既没有怠慢专业课，也弥补了以前所欠缺的文学课，并在国内主要的儿童文学刊物上发表了十来篇诗歌、散文和小说。

这四年，对曾经的我来说，可能是脱胎换骨的。因为我实现了自我的教育，不再听从命运的安排，而是明确了自己要什么，也努力做好了去实现梦想的准备。

本科毕业那年，本来有直升本专业研究生的资格，但我放弃了。思想政治教育专业，自然是输送行政管理人才的，我的大学同学大多数都选择了与此相关的工作，而我却选择去了媒体工作。

那时候，我已经确定了自己的人生道路。我最想的，就是做自己。伊莲，你或许不会想到，中学时，老师们都以为将来的我会是一个领导者或者企业家。曾几何时，我也这么看待自己。但是，四年的大学生活打碎了我曾经单纯的梦想，让我触碰到了生活的真实面目，同时也使我认清了自己。所以，回顾大学生活，除了开阔视野、丰富自身知识，我最大的收获，就是实现了自我的教育。

大学毕业后，没有继续攻读研究生（四年后，我考取了上海师范大学中文系儿童文学专业的研究生），而是去了杂志社做记者，从最基层的工作一步步做起，一路从打杂的编务人员到记者、编辑，再到执行主编、主编。工作的第八个年头，我成了当时风靡一时的一本女性杂志的主编，分管上下月刊的策划、编辑及营销。

这期间，我一直在新闻采编第一线，主要做人物尤其是女性人物的深度专访，策划了很多有影响的选题。我采访过光环笼罩的名人和形形色色的传奇人物，也采访过偏僻的乡间疯人院和一些不被大众认可的人群，比如殡葬服务人员。左手新闻，右手文学，两边都没有偏废，反而互相助益。

但是，第九年，我选择了另一种放弃。我辞去了主编职务，来到一家报社的副刊部做了一名普通编辑。当时很多人感到讶异，同事们费解我为何退出蒸蒸日上的职业生涯。

但我深知，这种退和放弃是值得的，同样是为了"做自己"，同样是为了"自我实现"。自我实现不是以你的"头衔"和"财富"来衡量的，而是心灵的自我实现。职场不单纯，既然腻烦了职场上的精于算计、伪善，厌倦了在无谓的琐事上浪费时间，不如退而追求自己真正想要的生活。这之后的九年，因为报社副刊工作性质的松散和弹性，我有了更多属于自己的时间，可以专心投入写作了。

伊莲，你会问我：既然要退出，为何不退得更彻底些，专职写作呢？

那是因为，在我看来，只有有尊严地生活，才能有尊严地写作。写作，决不能为稻粱谋。只有这样，才能保证笔下文字的质地。

伊莲，这九年，成了我文学创作的高产期。更重要的是，这九年，我过得身心舒畅，充实而满足。一个人，能够听从内心的声音，遵从心灵的意志，是一种幸福和幸运。还有什么比这种人生状态更好的呢？

当然，这是我要的生活，你也有你要的生活。只要不违背自己内心真实的意愿，我觉得，就是最好的。

伊莲，我们从出生的那一刻起，就已不是完全的自己了。

我们是父母的孩子、他人的朋友、某人的爱人，以后，还会是孩子的母亲。我们被自己的角色和他人的期望限定在一个当今社会已规定好的模式里，于是，往往不知道还有其他诸多可能。可是，倘若你保持着一份清醒，机会总会在不经意间降临，帮你认清自己、倾听到内心被禁锢的声音。那是一种召唤，更是一种诱引。

放弃，卸下沉重的桎梏，为的是更远更高地飞翔。你或许需要舍弃很多，但最终，你会收获一片自我尽情翱翔的天空。

这是我想说的第一点，遵从内心的意志。

我想说的第二点是女性永远是你的标签。

我的读者，以女孩居多；我的采访对象，也多半是魅力女性。我一直以自己是一位女性而感到骄傲。在我心目中，完美的女性是知性的、纯美的，有着柔软的心，有着莲花一般的清气。

一直以来，我都对"女性解放""女权主义"一类的字眼很不以为意。我认为，刻意和男性求平等，在某种程度上便是抹杀了女人的天性，你想，等同于男人的女性又何谈健全的人性？

成功对男人而言是耀眼的魅力光环，而对一个女人来说却不尽然。能让我感佩的女性在她们成功的表象之下，必有一道人性的光芒。

《武汉晚报》的著名女记者范春歌是个爱上地图的女人，曾有多次单骑横越中国采访的经历。她骑车翻越险峭的二郎山，穿越百余华里的戈壁荒漠；她被藏獒追逐过，从悬崖摔下过。但她从来不失人的尊严，尤其是女性的尊严。她超过男性许多倍的勇气是她走在路上的通行证。她走着，从来都是长发飘飘，与高原上筑路的工人、守卫边防的战士侃侃而谈，满怀女性的柔情和通达。

她曾大声说，只要世上有路，就有上路的；有天职在，就有听从召唤的；有死神，就有敢去赴约的……面对重重险阻，她以行动印证了她的话。

可是，她更是一个女人。每次远行归来，她都要化个淡妆穿着长裙出现在人们面前。我和她曾有多次关于情感和女性话题的深度交谈。现实生活中的春歌坚韧却充满女性的如水柔情，她爱流泪，情感真率。她更是个活在梦想中的女人，她的生命永远受梦中橄榄树的招引。年轻时，她为了爱情，不顾家人反对，冲破世俗藩篱，嫁给了一个工人。虽然这段婚姻以失败告终，但她并不后悔，因为她真正地爱过。

这样的女人，到老都会魅力四射。

有一次，我和作家毕淑敏谈爱和女人。

我问她，什么样的女人是好女人。她说，好女人首先应该是善良的，假如世界上的女人都变得很凶恶，那是件非常可怕的事（比男人凶恶更可怕）；她还应该有智慧，不停地思索、学习，和男人相比，当女人在没有体力可依仗的时候，更需要提高自己的智力；最后还要有宽泛意义上的美丽，有感受美、追求美的能力。虽然美的衡量标准是变化的，但感性而论，美丽是一种和谐而温暖的东西。作为女人，就要给人一种"美"的享受和体验。

其实，很多作家内心都有女性崇拜情结。莎士比亚所创造的文学巅峰，巅峰上的星辰多是女性：她们不仅可爱，充满美感，而且漫柔而坚贞。我始终坚信，女性绝对需要和男性有大区别。你想，女人一旦成为男子一样的所谓"强人"，这个世界上还有存在男女两性的必要吗？

然而，我们会看到，这个时代已经有男女两性"中性化"的趋势。伊莲，说来可笑，在公共场所，我时常为辨认对面一

个人的性别颇费神思。粗看，打扮、举止都是男孩的模样；细看，却从他（她）骨骼的线条窥出一点女性的柔和来，但最终，我依然不能判别对方是女性还是男性。也许，在这个时代，"中性"代表着一种时尚。

尽管在社会学意义上，确认女子与男子具有同等的社会地位与社会权利，这是有道理的，但是，我个人还是崇尚古典意义上的女性美。无论哪个世纪，站起来的女性都不要失掉与生俱来的灵气和温情。女性发自心灵深处的泪水，是男性的甘霖，也是人性的甘霖。

所以，女孩啊，拥有这么一个美丽的性别，请千万不要辜负它。记住，女性，它永远是你的标签。


伊莲，我想与你分享的第三点呢，是抛却成见的枷锁。

有一种枷锁，是无形的，但它真实地存在。它是成见。成见，不仅是他人对你的，有时候，是自己强加给自己的。这种对自己固有的保守的认知会在我们每个人的心里竖起一道道屏障。于是，我们依据成见作出的决定，一定会自我圈囿的。就像最初的时候，我总是怀疑自己不会写小说，缺少虚构故事的能力，可是真的尝试了，就会意外地发现自己未知的潜能，那或许是片更广阔的天地。

这样的例子生活中比比皆是。

假如你在婚前认定的未来丈夫的标准是：不吸烟，身高一米八以上，大学本科以上学历，知识分子；必须喜欢古典音乐，热衷旅行……可是有一天，你和一个人不期而遇，你们一见钟情了。直觉告诉你，他就是你的另一半了。可冷静下来一想，他是抽烟的，与你的预想标准不吻合。此时，你会掉头而去吗？

假如你希望孩子热爱文学，圆你年轻时的作家梦，从他小时候起，你就向他灌输你的意见，一心以为你的梦想会在孩子身上实现。但是，孩子最终没有听从你的安排，喜欢数理化，你会因此而削弱对孩子的爱，并且将孩子视为失败者吗？

假如你喜欢湿润的气候，一直以为自己离开南方活不了，可有一天，你却意外地嫁到了北方，你会因气候干燥而离婚吗？或者，你讨厌酒鬼，偏偏你的某位好友嗜酒如命，你会因此和他断绝往来吗？

我们总是在事情没有结局前就先下毫无转圜余地的结论，认定事情的发展应该这样而不应该那样。其实，束缚自己前进的，不是别人，正是自己。

伊莲，那些成见如同蛛网，柔韧而坚实地密布于你的意识中。它们让你犹疑，拒绝改变自己，且怀有戒心。可它们又往往脆弱得不堪一击，只要你肯拿起扫帚来。

伊莲，当你站在陌生的路口、被内心已有的认知束缚住前行的脚步时，试着迈出第一步，也许就能看到曙光了。关键是，要大胆地迈出去。

为了美，修炼你的心。这是我要与你分享的第四点，伊莲。

伊莲，你有没有想过表情和长相的关系？

有人说，岁月是一把无形的雕刻刀，于不知不觉间为人的脸塑形。人们也爱将时间与生命的沧桑感结合起来，比如双鬓染霜、岁月的痕迹爬上额头之类。

我却认为，时间催人老，这句话只说对了一半，时间不但可以催人老，更可以催人丑，还会奇妙地令人美。而美与丑这两个字的含义绝非好看与难看那么简单。美，有苍白的美和丰盈的美之分；丑，也有平庸的丑和狰狞的丑之别。人生在世，时间的魔力会为人的长相塑形，除此，还有一个自我可以掌控的主观因素，那就是人的表情。

表情，望字生义，即表达在面部或姿态上的思想感情。内在的感情形诸外表，必然会在脸上或姿态上产生某种痕迹，久而久之，便可为人的脸塑形。所谓相由心生，说的就是这个意思。

曾有这样一个典故。一次，高尔基和安德列耶夫、布宁在一家饭馆里相聚，饭前他们进行过这样一场比赛：看见一个顾客走过来，他们限定每人观察三分钟，然后把自己的看法说出来。高尔基看后说，他脸色苍白，身穿灰色西服，还长着一双细长的发红的手。安德列耶夫看得很马虎，说的时候连那个人衣服的颜色也没有说对。布宁观察得最仔细，他从那个人的服饰说到他打着小花点的领带，从身材、姿态到脸上的一粒小黑痣，还注意到那个人的眼珠子滴溜溜地东张西望。最后布宁还给出结论：那个人是骗子。后来，他们询问了饭馆的伙计，布宁的话得到了证实。

骗子的脸上并没有标明"骗子"二字，但他的面部表情、看人的眼神、举手投足的小细节，却泄露了处心积虑想掩饰的秘密。

脸上的表情不经意间出卖了内心的秘密，而惯用的表情天长日久固化下来，会在不知不觉间改变人的长相。

一个人若喜欢蹙眉，眉间的川字纹便犹如生活的重负刻下的印章，使他的脸显得局促、沉重、难于亲近。郁闷愁苦的脸得不到舒展，连同自己的人生也给圈囿住了。

一个总是以愤怒示人的人，瞪眼竖眉，渐成恶相，当真让人心生几分惧怕。

一个人若是心思晦涩、不自信、不坦荡、不敢正眼视人，久之，眼睛会渐失明澈，闪烁的眼神令整张脸缺乏定力，难以被人信任。

一个与人交恶、心地不善的人，时刻被妒忌仇恨焚烧。这样的人往往嘴角下垂，显轻慢怨艾之相。内心的火焰伤及他人的同时，也炙烤自己。

一个人过于放纵自己的表情，或挤眉弄眼，或咧嘴吐舌，或大笑大哭，长相便显得放肆，给人的感觉便是不着调、缺少涵养。表情一旦泛滥，也会成灾。

所谓"苦相""福相"，都是各人的阅历、心态在表情及长相上的投射。一个经常微笑的人，嘴角上扬，眉眼柔和；一个心静如水的人，表情淡定从容，予人夏日里的清凉；一个内心善良的人，别人从她脸上可以读出一朵淡雅的花……时间同样在脸上沉淀，却给人以不同的长相。

时间哪里只是一把催人老的雕刻刀，它还是一把奇妙的美容刀呢。而掌握这把刀的，是我们自己。

所以，为了美，首先要修炼你的心。

伊莲，我想说的第五点便是爱比婚姻更重要。

一个被爱滋润着的女人，总是散发着无与伦比的魅力光环。歌手顺子的母亲，叫黄爱莲，是个钢琴家。她三十五岁离婚后，带着一双女儿去美国寻梦，虽有谋生的艰难、异域的不适，但她始终没有停止过恋爱，停止过对理想生活的追求。

她的口袋里时常揣着九国货币，她这样跟我解释："我是个浪迹天涯的人，我的家究竟在哪里？后来我终于明白了，有了伴侣的爱情之家固然圆满，但最终还是得在心里筑起坚定的信念和情爱，那才是一种超脱的永恒的不会遭欺骗的爱。家其实就建在自己心里，我永远可以携着我的家走遍世界。"

当年，我有幸采访到魅力女性杨澜。谈到自己的成功，她这样说："事业和名利不是一回事，事业让人生充实，而名利会随风而去。人的一生像在过滤，一生终结时，最可贵的是人的情感，这是别人夺不走的最可靠的东西。"

　　伊莲，在人生刚刚起步的时候，有时候很需要这样的"看清"。"看清"是需要时间和阅历的，但如果在经历之前，多了一份自觉和警醒，总比懵懂和糊涂来得好。而我想给予你的，便是这份自觉和警醒。

　　最后，亲爱的伊莲，我祝福你：不管未来的人生得意或者失意，清贫或者富裕，你都能携着一颗坚定而有爱的心勇敢前行。

　　一路顺风。✉

# 图书在版编目（CIP）数据

致未来的你：给女孩的十五封信/殷健灵著. —青岛：青岛出版社, 2024.7
ISBN 978-7-5736-2096-5

Ⅰ.①致… Ⅱ.①殷… Ⅲ.①女性 – 成功心理 – 通俗读物 Ⅳ.①B848.4-49

中国国家版本馆CIP数据核字（2024）第065785号

| | | |
|---|---|---|
| | | ZHI WEILAI DE NI——GEI NÜHAI DE SHIWU FENG XIN |
| 书 名 | | 致未来的你——给女孩的十五封信 |
| 著 者 | | 殷健灵 |
| 出版发行 | | 青岛出版社 |
| 社 址 | | 青岛市崂山区海尔路182号（266061） |
| 本社网址 | | http://www.qdpub.com |
| 邮购电话 | | 0532-68068091 |
| 责任编辑 | | 孙 芳 |
| 全书插图 | | 林 田 |
| 装帧设计 | | 青岛乐唐视觉设计工作室 |
| 照 排 | | 青岛乐喜力科技发展有限公司 |
| 印 刷 | | 青岛乐喜力科技发展有限公司 |
| 出版日期 | | 2024年7月第1版 2024年7月第1次印刷 |
| 开 本 | | 32开（890mm×1240mm） |
| 印 张 | | 8.5 |
| 字 数 | | 155千 |
| 书 号 | | ISBN 978-7-5736-2096-5 |
| 定 价 | | 48.00元 |

编校印装质量、盗版监督服务电话：4006532017 0532-68068050

本书建议陈列类别：畅销·青春励志